"十三五"国家重点研发计划项目
（项目编号：2017YFC0804605）资助

尾矿库溃坝风险评估与预控方法研究及应用

陈聪聪　李仲学　甄智鑫　马波　著

U0342103

北　京

冶金工业出版社

2023

内 容 提 要

本书基于相关研究项目的成果，重点论述了矿山尾矿库溃坝风险评估与预控方法及应用，主要内容包括尾矿库溃坝隐患辨识及演化关系分析、基于机器学习的溃坝风险准定量化评估、尾矿库风险预控方法等。

本书可作为地质、采矿、矿山安全等相关学科及专业领域的研究生或本科生教学及研究的高级专题资料，也可用于矿山地质勘查、采选工程技术、风险管理及评估等相关领域的研究设计、支撑机构、安全保险、责任投资等工作人员的参考书。

图书在版编目 (CIP) 数据

尾矿库溃坝风险评估与预控方法研究及应用/陈聪聪等著 . —北京：冶金工业出版社，2023.10

ISBN 978-7-5024-8792-8

Ⅰ . ①尾… Ⅱ . ①陈… Ⅲ . ①尾矿—矿山安全—安全管理 Ⅳ . ①TD926.4

中国版本图书馆 CIP 数据核字 (2021) 第 066783 号

尾矿库溃坝风险评估与预控方法研究及应用

出版发行	冶金工业出版社	**电 话**	(010)64027926
地 址	北京市东城区嵩祝院北巷 39 号	**邮 编**	100009
网 址	www.mip1953.com	**电子信箱**	service@ mip1953.com

责任编辑 夏小雪 美术编辑 吕欣童 版式设计 郑小利
责任校对 郑 娟 责任印制 窦 唯
三河市双峰印刷装订有限公司印刷
2023 年 10 月第 1 版，2023 年 10 月第 1 次印刷
710mm×1000mm 1/16；11.25 印张；196 千字；170 页
定价 **65.00 元**

投稿电话 **(010)64027932** 投稿信箱 **tougao@cnmip.com.cn**
营销中心电话 **(010)64044283**
冶金工业出版社天猫旗舰店 **yjgycbs.tmall.com**
(本书如有印装质量问题，本社营销中心负责退换)

前　言

矿山尾矿库是矿业生产过程中作为分离废弃物——尾矿的排放贮存场所，是一个重大的矿山工程设施。由于尾矿库的基本作用是排废，因此，在国民经济及社会高速发展时期，尾矿库的选址设计、建设施工、运营管理、闭库处置等主要生命周期环节过程，趋于把这样庞大的人工排废设施的成本最小化作为相关决策与行动的主要原则，而对尾矿库的长期稳定性或可能产生的安全与环境等方面的意外事件及其负面影响往往考虑不足，已被国内外尾矿库的若干次重大失效及事故证明了其是矿业工程及生产安全的重大隐患或风险源之一，对企业自身及相关社区构成了严峻的威胁，甚至已经造成过重大的灾害。

据现有资料统计，截至 2020 年，我国共有尾矿库约 8000 座，数量居世界之首。其中，"头顶库"（初期坝坡脚起至下游潜在尾矿流经路径 1km 范围内有居民或重要设施的尾矿库）1112 座。尾矿库一旦发生溃坝事故，将会导致人员伤亡、财产损失、生态环境破坏等危害。美国克拉克大学公害评价小组的研究表明，尾矿库事故的危害，在世界93 种事故、公害的隐患中，居第 18 位，比航空失事、火灾等灾害还要严重。

尾矿库事故在我国时有发生。譬如，1962 年 9 月 26 日，云南火谷都尾矿库发生溃坝，共造成 171 人死亡、92 人受伤以及数个村寨和农场被毁，造成了巨大的生命、财产损失；2006 年 4 月 30 日，陕西镇安金矿尾矿库发生溃坝，造成 17 人死亡、5 人重伤及 76 间房屋毁坏，同时超标氰化物污染了河流；2008 年 9 月 8 日，山西襄汾县塔山铁矿尾矿库发生特别重大溃坝事故，泄漏了尾矿约 19 万立方米，淹没了下游的办公楼、农贸市场、居民区等人群密集区，酿成了 277 人死亡、4 人失踪、数十人受伤的惨痛后果，对当地经济发展和社会稳定造成了严重影响。

国外也发生过多起尾矿库事故。譬如，2000 年，在罗马尼亚 Baia Mare 金矿发生了溃坝和泥石流，污染物注入蒂萨河支流，导致鱼类大量死亡和下游匈牙利境内 200 万人饮水中毒；2002 年，菲律宾 San Marcelino 铜矿尾矿库因大雨导致了泥石流，下游 250 户居民被迫转移；2003 年，智利 Cerro Negro 铜矿溃坝导致了泥石流，5 万吨尾砂下泄 20km；2004 年，加拿大 Teck Cominco 公司的一处尾矿库在复垦工作期间发生了溃坝，大量泥石流对 Pinchi Lake 造成了严重污染；2006 年，赞比亚 Nchanga 铜矿尾矿输送管道破裂、污染了饮用水水源；2010 年，匈牙利 Ajka 矿铝矿污泥泄漏，污染了下游水域和环境；2014 年，加拿大 Mount Polley 矿溃坝，约 2500 万立方米尾矿及废水瞬间倾出，泄入周边森林与湖泊；2015 年，巴西 Samarco-Minas Gerais 尾矿坝发生溃坝，导致了 16 人遇难，45 人失踪；2019 年，巴西米纳斯吉拉斯州 Brumadinho 镇 Córrego do Feijão 铁矿尾矿坝发生了溃坝，导致 237 人丧生，约 50 人失踪，下游 300km 的河流受到污染。尾矿库事故的灾害及教训惨痛。

伴随全球范围内尾矿库事故的不时发生，国际社会、产业界、民间团体等机构对尾矿库安全问题及其管理越来越重视。加拿大矿业协会（Mining Association of Canada，MAC）于 1998 年发布了《尾矿库管理指南》（A Guide to the Management of Tailings Facilities），出版有英文、法文、西班牙文、葡萄牙文等版本，得到了较为广泛的使用。该指南与 MAC 后续于 2003 年发布的推荐性行业标准《建立尾矿库及水管理设施的作业、运维与监控体系》（Developing an Operation, Maintenance and Surveillance Manual for Tailings and Water Management Facilities）和 2004 年发布的强制性行业规程《可持续发展矿业尾矿库管理规程》（TSM Tailings Management Protocol）构成了加拿大矿业尾矿库安全管理的行业标准体系。2014 年不列颠哥伦比亚省波利山矿

(Mount Polley Mine) 尾矿库坝基设计缺陷引发的溃坝事故，促进 MAC 重新审视并修订了该尾矿库管理体系，于 2019 年发布了第 3 版，进一步突出了基于风险的管理，涉及风险评估、适用技术、最佳实践、决策程序；关键点控制；主管工程师及其职责设置；第三方独立评审及类 ISO 14001 的管理框架体系。

联合国环境规划署（United Nations Environment Programme，UNEP）与国际大坝委员会（International Commission on Large Dams，ICOLD）曾于 1996 年发布了《尾矿坝库指南》（A Guide to Tailings Dams and Impoundments：Design, Construction, Use and Rehabilitation），给出了有关尾矿库设计、建设、运行、闭库等尾矿库生命周期阶段的安全管理指南。针对新近发生的加拿大波利山矿尾矿库事故和巴西淡水河谷 Fundao 尾矿库事故，UNEP 又于 2017 年发布了一项快速响应评估报告《矿山尾矿库：安全无事故》（Mine Tailings Storage：Safety is No Accident），进一步突出了以安全第一、零事故为尾矿库工程、管理与作业的目标，以及规制、产业与社区等多方合作的决策与行动机制的建设；同时，提出了通过尾矿库的知识中心建设来促进尾矿库安全管理合作，通过规制监管及违规处罚、管理信息透明、决策多元参与、生命周期独立评审、淘汰落后工艺、公开外部成本及成本效益分析、隐患及风险评估、防控资金保障、禁止流域或水下排放、严控上游式筑坝等措施来防控尾矿库事故风险，以及通过保障和保险基金来进行尾矿库的危机应对及处置等三个方面的行动计划。

国际矿业与金属理事会（International Council on Mining and Metals，ICMM）作为由全球三分之二大型矿业企业构成的行业组织，与 UNEP 及责任投资联盟（Principles for Responsible Investment Association，PRI）合作，针对 2019 年巴西 Córrego do Feijão 矿的 Brumadinho 尾矿库事故，开展了全球尾矿库评审，在此基础上，于 2020 年发布了《全球尾矿管理行业标准》（Global Industry Standard on Tailings Management），提出了尾矿库安全管理的标准，涉及了一般原则和具体要求，主要包括六个方面的主题，诸如受影响社区参与、尾矿库安全管理综合知识库建设、尾矿库生命周期风险消解、尾矿库管理及规制、应急及长期恢复、信息披露及获取等。

矿山尾矿库已成为全球关注的主要人为事故隐患之一，针对这一普遍问题，本书基于"十三五"国家重点研发计划项目课题"高尾矿库全寿命服役期健康诊断与风险评价技术"的研究成果，以尾矿库溃坝风险为中心，结合国际标准化组织（International Organization for Standarization，ISO）发布的 ISO 31000《风险管理指南》（Risk Management-Guidelines），围绕隐患辨识及演化关系分析、风险表征、风险预控等三个核心内容，综合运用证据、机器学习、风险矩阵、领结模型（Bow-Tie Model，BT）、云模型（Cloud Model，C）、交互式多准则决策模型（TOmada de Decisão Iterativa Multicritério，TODIM）等方法、模型开展尾矿库溃坝风险评估与风险预控方法的研究。

通过本研究，形成一整套尾矿库溃坝风险管理的规范化、模型化及定量化方法，为尾矿库溃坝风险动态评估，包括行业内尾矿库溃坝风险的空间动态（横向比较）评估和同一尾矿库溃坝风险的时间动态（纵向比较）评估提供规范的、定量的方法，以期贡献于我国尾矿库风险预控方法的改善及风险管理水平的提高。与此同时，该研究对于提高类似复杂系统的风险认知与风险管理，具有重要的理论价值与实践潜力。

由于作者水平有限，书中难免有不妥之处，敬请广大读者批评指正。

作　者
2023 年 7 月

目　　录

1 国内外尾矿库安全风险现状

1.1 尾矿库概况

1.1.1 尾矿库

金属或非金属矿山开采出的矿石，在一定的经济技术条件下，经选矿厂选出大部分有价值的精矿后，产生泥砂一样的"废渣"，称为尾矿。尾矿除一部分可作为建筑材料、充填矿山采空区以及用于海岸造地等外，绝大部分都需要贮存起来。一般情况下，在山谷口或洼地的周围筑成堤坝形成尾矿储存库，将尾矿排入库内沉淀堆存，这种专用贮存设施称作尾矿库。

尾矿库是筑坝拦截谷口或围地构成的，用于贮存金属、非金属矿山进行矿产选别后排出尾矿或其他工业废渣的场所。根据库址的地形不同，尾矿库可分为山谷型、傍山型、平地型、截河型尾矿库等多种形式。

(1) 山谷型尾矿库。山谷型尾矿库是在山谷谷口处筑坝形成的尾矿库（见图1-1）。它的特点是初期坝相对较短，坝体工程量较小，后期尾矿堆积坝相对较易管理维护，当堆坝较高时可获得较大的库容；库区纵深较长，尾矿水澄清距离及干滩长度易满足设计要求；但汇水面积较大时，排洪设施工程量相对较大。我国现有的大、中型尾矿库大多属于这种类型。

(2) 傍山型尾矿库。傍山型尾矿库是在山坡脚下依山筑坝所围成的尾矿库（见图1-2）。它的特点是初期坝相对较长，初期坝和后期尾矿堆积坝工程量较大；由于库区纵深较短，尾矿水澄清距离及干滩长度受到限制，后期坝堆的高度一般不太高，故库容较小；汇水面积虽小，但调洪能力较低，排洪设施的进水构筑物较大；由于尾矿水的澄清条件和防洪控制条件较差，管理、维护相对比较复杂。国内低山丘陵地区中小矿山常选用这种类型尾矿库。

(3) 平地型尾矿库。平地型尾矿库是在平缓地形周边筑坝围成的尾矿库（见

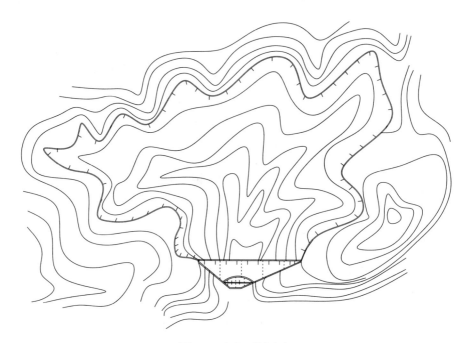

图 1-1　山谷型尾矿库

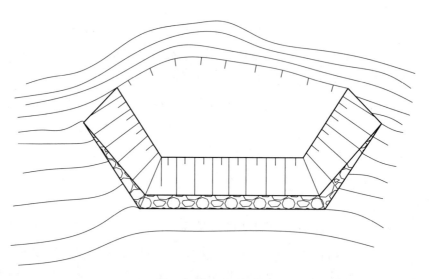

图 1-2　傍山型尾矿库

图 1-3）。它的特点是初期坝和后期尾矿堆积坝工程量大，维护管理比较麻烦；由于周边堆坝，库区面积越来越小，尾矿沉积滩坡度越来越缓，因而澄清距离、干滩长度以及调洪能力都随之减少，堆坝高度受到限制，一般不高；但汇水面积

小，排水构筑物相对较小。国内平原或沙漠戈壁地区常采用这类尾矿库。例如金川、包钢和山东省一些金矿的尾矿库。

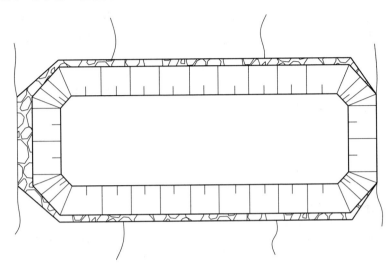

图 1-3 平地型尾矿库

（4）截河型尾矿库。截河型尾矿库是截取一段河床，在其上、下游两端分别筑坝形成的尾矿库（见图 1-4）。有的在宽浅式河床上留出一定的流水宽度，三面筑坝围成尾矿库，也属此类。它的特点是不占农田；库区汇水面积不太大，但尾矿库上游的汇水面积通常很大，库内和库上游都要设置排水系统，配置较复杂，规模庞大。这种类型的尾矿库维护管理比较复杂，国内采用的不多。

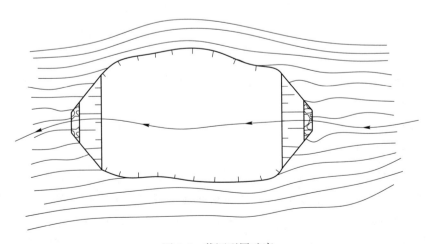

图 1-4 截河型尾矿库

1.1.2　尾矿坝

　　尾矿坝是指贮存尾矿和水的尾矿库外围构筑物。为了减少尾矿坝的建设投资，大中型尾矿坝通常都是用当地土石料建一个较矮的坝用以短时期贮存尾矿，堆满后，再利用尾砂逐级向上加高坝体。前者称为初期坝，后者称为后期坝（又称尾矿堆积坝）。尾矿坝分为初期坝及后期尾矿堆积而成的堆积坝，常泛指尾矿库初期坝和堆积坝的总体，尾矿坝的构成如图 1-5 所示。

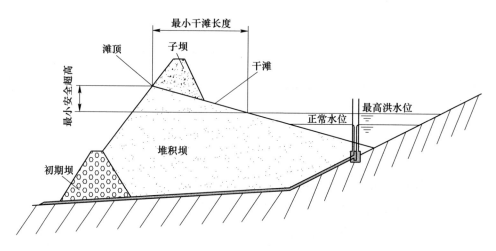

图 1-5　尾矿坝构成

　　其中，初期坝用于支撑后来由尾矿堆积而成的堆积坝；堆积坝是由尾矿堆存而成，不断存放尾矿；最高洪水位是指尾矿库水位的最高上限；干滩是指由水长期冲刷尾矿而形成的露出水面的部分；滩顶是指干滩与堆积坝的交线；最小安全超高和最小干滩长度均指允许的最小临界值。

　　初期坝是指在基建中用来支撑后期尾矿堆存体的坝，可分为不透水初期坝和透水初期坝。不透水初期坝是用透水性较小的材料筑成的初期坝，由于其透水性小于库内尾砂的透水性，不利于库内沉积尾砂的排水固结。当堆积尾砂较多时，浸润线会从初期坝坝顶以上的堆积坝坝坡逸出，造成坝面沼泽化，不利于堆积坝的稳定。这种不透水的初期坝坝型适用于挡水式尾矿坝或堆积坝不高的尾矿坝。透水初期坝是用透水性较好的材料筑成初期坝，因其透水性大于库内沉积尾矿，有利于后期坝的排水固结，并可降低坝体浸润线，从而提高坝体的稳定性，是比较合理的初期坝坝型。

堆积坝是生产过程中在初期坝坝顶以上用尾矿充填堆筑而成的坝。尾矿堆积坝的筑坝方式有上游式堆坝法、中线式堆坝法、下游式堆坝法、高浓度尾矿堆积法和水库式尾矿堆积法等多种。其中上游式堆坝法由于工艺简单、便于维护管理、适应性强、筑坝费用低等而被广泛采用，我国90%以上的尾矿库采用这种方法。

（1）上游式堆坝法。上游式堆积坝是在初期坝上游方向充填堆积尾矿的筑坝方式，其特点是子坝中心线位置不断向初期坝上游方向移升，坝体由流动的矿浆水力充填沉积而成，如图1-6所示。上游式尾矿堆积坝的稳定性，决定于沉积干滩面的颗粒组成及其固结程度。干滩面坡度由矿浆流量、浓度、尾矿粒度、库内水位等诸多因素决定。该坝型受排矿方式的影响，往往含细粒夹层较多，渗透性能较差，浸润线位置较高，故坝体稳定性比较差。但它具有筑坝工艺简单、管理方便、运营费用较低等突出优点，所以国内外均普遍采用。

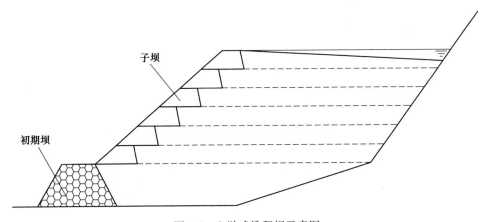

子坝

初期坝

图1-6 上游式堆积坝示意图

（2）下游式堆坝法。下游式堆积坝是在初期坝下游方向用水利旋流器将尾矿分级，溢流部分（细粒尾矿）排向初期坝上游方向沉积，底流部分（粗粒尾矿）排向初期坝下游方向沉积，其特点是子坝中心线位置不断向初期坝下游方向移升，如图1-7所示。由于坝体尾矿颗粒粗，抗剪强度较高，渗透性能较好，浸润线位置较低，故坝体稳定性较好。但管理复杂，且只适用于颗粒较粗的原尾矿，又要有比较狭窄的坝址地形条件。国外适用较多，国内适用较少。

（3）中线式堆坝法。中线式堆积坝是在初期坝下游方向用水利旋流器将尾矿分级，溢流部分（细粒尾矿）排向初期坝上游方向沉积，底流部分（粗粒尾矿）

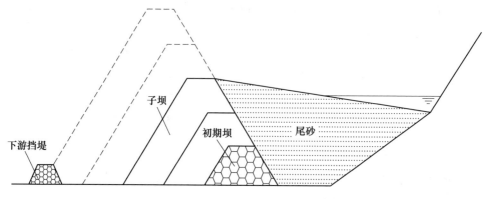

图 1-7　下游式堆积坝示意图

排向初期坝下游方向沉积，其特点是在堆积过程中保持坝顶中心线位置始终不变，如图 1-8 所示。中线式堆坝法是介于上游式堆坝法和下游式堆坝法之间的坝型，与下游式堆坝法基本相似，但与下游式堆坝法相比，坝体上升上速度快，筑坝所需材料少，筑坝费用低。

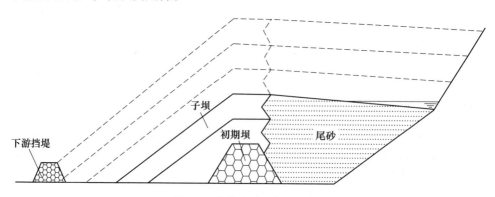

图 1-8　中线式堆积坝示意图

　　（4）高浓度尾矿堆积法。高浓度尾矿堆积法是将尾矿浆浓缩至 75% 左右的浓度，由砂泵输送到尾矿堆积场内集中放矿，由于高浓度尾矿成浆状或膏状，分级作用比较差，在排放口处形成锥形堆积体，堆积体的坡度由矿浆的性质所决定。此种尾矿库具有较高的安全性，但占地面积大，管理复杂，技术含量高，适用于在较大面积的平地或丘陵地区堆存，此法我国尚处于研究阶段。

　　（5）水库式尾矿堆积法。水库式尾矿堆积法不用尾矿堆坝，而是用其他材料像修水库那样修建大坝，基建投资一般较高，多采用当地土石料或废石建坝。当尾矿粒度过细，不宜用于筑坝，或存在其他特殊原因时才采用此法。排放位置在坝前不经济、困难大，必须在坝后放矿，矿浆水对环境危害很大，不容许泄漏。

1.1.3 尾矿库溃坝模式

通过对国内外资料分析可知，尾矿坝是导致尾矿库事故的最主要原因，其中最主要的又是由溃坝而引起的。典型的尾矿库溃坝模式主要分为漫顶破坏模式、渗流破坏模式、坝基破坏模式、地震液化破坏模式等四种。具体的模式描述如下。

（1）漫顶破坏模式。尾矿库中的蓄水不断增加，库水位不断升高，即使没有发生溢出现象也会引起上游溃坝。而蓄水的不断增加可能是由于降雨量的持续增加引起，也可能是由于尾矿库管理人员的管理不当引起。如果干滩长度变得太小，将会导致堤坝内的浸润线上升，从而引起尾矿坝顶部不稳定，继而从尾矿坝顶开始，整个尾矿坝将会坍塌，导致溃坝事故的发生。如果库水位溢出漫顶，那么整个尾矿堤坝很容易完全倒塌，溢出的水在很短时间内冲刷堤坝，整个尾矿库的蓄水在几分钟内流失。具体漫顶破坏模式如图1-9所示。

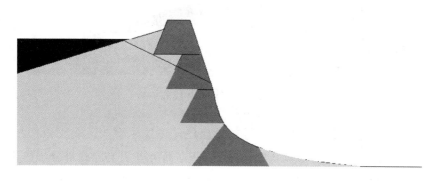

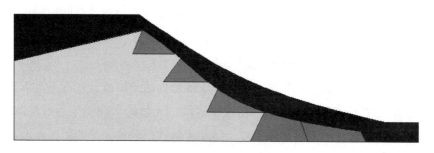

图 1-9 漫顶破坏模式

1994 年，南非的 Merriespruit 尾矿库事故造成约 70 万立方米尾砂及废水下泄。持续降雨导致洪水量超过设计，部分坝坡受到侵蚀而局部失稳且失稳区域不断扩大，最终导致洪水漫顶事故。2010 年，广东紫金矿业尾矿库发生漫顶事故，造成 22 人死亡，6370 栋房屋受损，影响约 72.6km^2 的农作物，直接经济损失 4.6 亿元。在遭遇凡亚比台风带来的大雨时，由于尾矿库设计的水文地质参数不合理，排水井进口高度不符合标准，导致尾矿库的防洪标准较低，加之管理不佳，最终导致洪水漫顶事故。

（2）渗流破坏模式。如果尾矿库堤坝内部或底部发生管涌现象，那么将会导致渗流破坏发生。连续不断的渗流会导致局部或者整体的尾矿坝坍塌，从而引起溃坝。具体渗流破坏模式如图 1-10 所示。

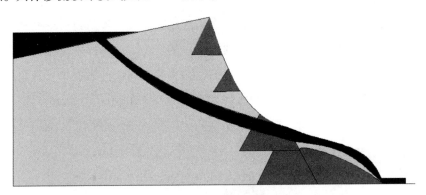

图 1-10　渗流破坏模式

1985 年，意大利北部 Stava 附近的两座尾矿库发生事故，造成 268 人死亡，经济损失重大。事故主要原因是坝体坡度过陡，库水位升高导致部分坝体遭到破坏，加之浸润线过高导致了管涌现象。2000 年，广西南丹县鸿图选矿厂尾矿库发生溃坝，事故造成 28 人死亡，56 人受伤，直接经济损失高达 340 万元。事故直接原因是初期坝排渗设施失效，以致浸润线增高，在初期坝和堆积坝之间形成了一个抗剪能力极低的滑动面。同时，尾矿库违规蓄水，导致大部分尾矿长期处于浸泡状态得不到固结，最终导致坝体垮塌。

（3）坝基破坏模式。如果位于尾矿坝下浅层处的土壤或者岩石不足以支撑整个大坝，那么沿着地基将会发生一个水平运动，大量的水和泥浆通过缝隙溢出，大坝突然破裂，坝体外围墙倒塌。这个运动会导致部分或完全的尾矿坝溃坝，如图 1-11 所示。

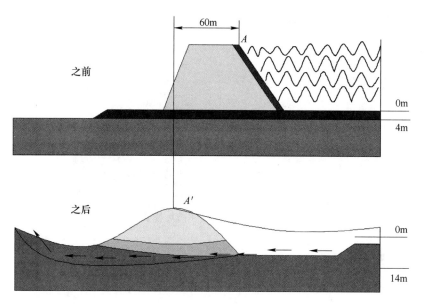

图 1-11 坝基破坏模式

1998 年，位于西班牙南部的 Los Frailes 尾矿库发生溃坝，130 万立方米尾砂和 550 万立方米废水下泄，严重污染了周边环境，主要事故原因是在设计期未考虑泥灰的厚度和抗渗性，对复杂地质环境调查不当。2014 年，加拿大 Mount Polley 尾矿库发生溃坝，约 2500 万立方米尾砂瞬间倾出，当地生态环境遭到严重损毁。主要事故原因是设计期对水文地质条件考虑不佳，尾矿坝位于薄弱的冰川层上，在堆积过程中不断加大的荷载超过了坝基承载力，造成坝基剪切破坏，坝体稳定性遭到破坏。

（4）地震液化破坏模式。当类似地震等破坏性活动发生时，尾矿坝上游变得不稳定。根据以往地震中尾矿坝的状况来看，在长期的机械性压力的作用下，尾矿泥浆（包括用于尾矿建筑的材料）被液化。结果，大部分堆砌的尾矿的整体结构随着泥浆的运动而被破坏，为下游带来了灾难性的毁灭，导致溃坝。有时，振动或者重型机械设备也会引起尾矿库的结构性破坏，比如当起重机沿堤坝顶经过或者附近的矿山引爆引起的振动等。地震液化破坏模式如图 1-12 所示。

1965 年，智利 El Cobre 铜矿的 2 个尾矿库溃坝，导致 200 多人死亡，230 万立方米泥浆下泄；2011 年，日本 Kayakari 尾矿库尾砂液化，大量黏土下泄，对下游环境造成严重破坏；导致这两起事故的主要原因均是地震。

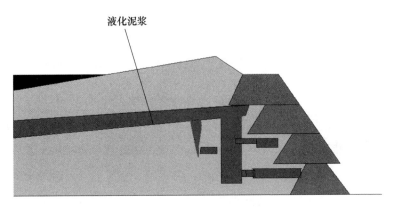

图 1-12　地震液化破坏模式

1.2　国内外尾矿库安全研究现状

1.2.1　国外尾矿库安全研究现状

近年来，随着矿业发达国家对矿山尾矿库安全研究的不断深入和管理的日益强化，国外尾矿库安全问题已经得到有效改善。从国外主流的研究方向和研究成果来看，有关尾矿库的研究主要集中于安全管理、坝体稳定性及环境影响等 3 个方面。

国外学者们针对历史尾矿库事故案例展开了尾矿库安全管理研究。Q. B. Travis 等通过对 157 个尾矿库溃坝案例和相应的安全系数进行统计、分析，认为尾矿库安全系数是遵循一定规律的。A. R. Salgueiro 等通过对位于地中海地区的尾矿库案例进行数据统计、研究，建立了基于经验的尾矿库溃坝风险等级评价方法。E. Schoenberger 深入研究分析了巴布亚新几内亚 Ok Tedi 尾矿库溃坝事故致因与加拿大 Mout Polley 尾矿库溃坝事故致因，并以美国 Mc Laughlin 尾矿库作为最佳安全环保管理案例，指出安全管理缺陷是导致尾矿库事故频发的根本原因，而非工程技术缺陷。

就全球而言，在统计的 198 个尾矿库事故案例中，北美占 36%，欧洲占 26%，南美占 19%（2000 年之前）；而由于中国对矿产资源需求的快速增长，以及东欧事故披露水平的提高，在 2000 年之后的 20 个案例中，亚洲、欧洲的事故占比达到 60%。

就欧洲而言，根据 e-Ecorisk 数据库（欧洲大型工业泄漏事故环境风险与灾害管理企业网络决策支持系统）统计，全球范围内 14%尾矿库事故（147 例）发生在欧洲（26 例），而欧洲 56%的尾矿库事故发生在英国。从坝体高度看，失效尾矿库的坝体高度都低于 45m，其中 1/3 失效尾矿库的坝体高度介于 20~30m 之间。

从失效原因看，气象条件（26%降雨，3%降雪）是导致欧洲尾矿库事故的主要原因，地震对尾矿库的影响几乎不存在，然而对其他地区的尾矿库而言，14%的事故是由地震液化导致的。譬如在智利，50%溃坝事故（38 个溃坝案例）是由地震液化引起的，32%是由于边坡失稳及地震变形导致的。

在坝体稳定性方面，针对坝体渗漏和内部侵蚀，S. Mihai 等提出了运用 3D 数值模型对坝体进行安全评价。K. Ishihara 等通过分析受地震影响的两座尾矿库稳定性差异，认为尾矿坝坝体内部含水率对坝体安全具有极为重要的影响。D. Kossoff 等从尾砂特性、坝体破坏方式及特征、环境及经济影响等方面介绍了尾矿库的若干主要特征，从不同角度对尾矿库造成的诸多影响进行了深入分析。N. T. Ozcan 等综合运用地质实验、极限平衡法、数值模拟等对加高之后的坝体进行稳定性评价。M. Necsoiu 等在不同时段针对不同气象条件对坝体覆盖物的腐蚀性及沉降进行差分雷达干涉监测，运用合成孔径雷达相干性分析揭示其沉降的空间变化规律。

在对地震、液化的研究方面，M. James 等综合运用室内试验与数值模拟对地震之后的尾矿库液化区进行预测。B. Ferdosi 等先对无废石包裹体的尾矿库进行抗震性评价，之后增加废石包裹体，对尾矿库施加地震干扰，运用 UBCSAND 本构模型对尾矿库的地震响应进行评价，结果表明废石包裹体有助于提高坝体抗震性，进一步的研究表明包裹体的形态对抗震性能的提升有较大影响。J. Martínez 等运用电阻率成像技术对地下水的物化性质进行分析成像，用以刻画地下水渗流的优选路径，并表征尾矿库中的金属含量及水分含量。

从环境的角度看，主要涉及地下水、重金属、微生物、大气污染及人体健康等方向。针对尾矿库地下水问题，地球化学模型是主要的研究方法之一，例如，运用该方法研究渗流对地下水资源的影响、尾矿库污染物释放机制、评价地下水质量等。一些学者也对地下水中的氰化物及其他元素进行了研究，C. C. Paliewicz 等提出金矿尾矿库对地下水的污染主要来源于氰化物、汞及酸性矿山排水。P. Rzymski 等将分离的 5 种人体细胞置于尾矿库地下水中，运用短期暴露模型评估地下水中氰化物的毒性，结果表明酸性矿山废水对人体毒性较大。

雨水冲刷是尾矿库中重金属元素浸出的途径之一，一些学者对于浸出的重金属进行了研究。Z. Feketeová 等通过研究表明尾矿库及周边沉积物中铅、锌的金属含量会对微生物的碳含量及生物活性造成负面影响。M. L. Madalinal 等运用原子吸收分光光度法及 SPSS 统计软件测定、分析尾矿库中的重金属含量，研究其对生态系统植被的影响。K. Islam 通过分析 1915—2020 全球的尾矿库溃坝事故，引入灰水足迹这一指标，表征尾矿库溃坝的环境风险。

在政府政策层面，不同国家、地区相关政府部门也在不断完善尾矿库安全管理体系，涉及法律法规及标准指南等。

加拿大矿业协会（The Mining Association of Canada，MAC）与大坝协会（Canadian Dam Association，CDA）共同制定了尾矿库安全管理框架。MAC 于1998 年颁布了《尾矿库管理指南》（A Guide to the Management of Tailings Facilities），提供了面向尾矿库生命周期（设计、建设、运行、闭库等）的安全、环境管理标准及技术操作指南，帮助矿山企业建立尾矿库安全、环境管理体系，提高尾矿库管理的一致性；于 2003 年发布了补充性文件（Developing an Operation, Maintenance and Surveillance Manual for Tailings and Water Management Facilities），对尾矿库的日常管理提出了进一步的指导。CDA 于 1999 年修订了《大坝安全指南》（Dam Safety Guidelines），内容包括尾矿坝安全审查、日常安全管理、应急计划等；并在 2009 年颁布的尾矿库管理审核和评价指南中明确了尾矿库安全责任管理、环境责任管理的度量方法；CDA 在 2014 年出版技术报告（Application of Dam Safety Guidelines to Mining Dams），详细阐述了如何将大坝领域的相关概念及技术规范应用于尾矿坝领域，并作了必要补充。

澳大利亚主要通过各州矿业部门进行尾矿库立法工作，如西澳大利亚州矿业能源部（Department of Minerals and Energy）先后颁布了《矿业法》（Mining Act 1978）、《矿业法规程》（Mining Act Regulations 1981）、《矿山安全检查法》（Mines Safety and Inspection Act 1994）、《矿山安全检查条例》（Mine Safety and Inspection Regulations 1995）等 4 部法规，用以监管尾矿处理过程中的安全和环境问题；并相继出台《尾矿设施操作指南》（Guidelines on the Development of an Operating Manual for Tailings Storage）、《尾矿贮存安全设计运行标准》（Guidelines on the Safety Design and Operating Standards for Tailings Storage）、《尾矿设施—水质保护准则第 2 期》（Water Quality Protection Guidelines No. 2-Tailings Facilities）等

3 套指导手册，用以进一步提高尾矿库的管理工作；维多利亚州于 2003 年出版了尾矿设施管理文件（Management of Tailings Storage Facilities），对尾矿库安全管理生命周期的设计、建设、运营、闭库等均做出了详细要求，并附上了各环节工作流程图与检查清单；昆士兰州于 2002 年 2 月发布了《昆士兰州大坝安全管理指南》。

美国联邦法典（Code of Federal Regulations，CFR）出台了一系列矿山尾矿库安全管理规定；劳工部矿山安全和健康管理局（Mine Safety and Health Administration，MSHA）组织制定了尾矿库安全检查指南，规定对尾矿库进行一年不少于两次的年检，对排查出的隐患及时通报并限期治理。南非标准局（South African Bureau of Standrads）于 1998 年制定了《矿山废弃物处理守则》（Code of Practice for Mine Residue Deposit），规定尾矿库安全管理属于全过程管理，涉及尾矿库建设（勘察、设计、施工）、生产运行、闭库及再利用等不同阶段，提出了持续管理原则、尾砂及其影响最小化原则、风险预防原则、成本内部化原则、全生命周期管理原则等五大主要准则。欧盟委员会（European Commission）于 2009 年发布了尾矿管理最佳可行技术的指导文件（Reference Document on Best Available Techniques for Management of Tailings and Waste-Rock in Mining Activities），明确了尾矿排放量最小化、综合利用量最大化、风险管理、灾害应急准备等基本原则，并且对尾矿库全生命周期安全管理内容做出详细规定。

除上述国家外，一些矿业学会、组织也发布了一系列尾矿设施管理相关的指南文件。国际大坝协会（International Commission on Large Dams，ICOLD）联合联合国环境规划署（United Nations Environmental Programme，UNEP）通过对大量事故案例进行分析，总结出建设初期质量控制、排洪设施有效维护、操作技术规范掌握，以及管理责任明确落实等四个尾矿库溃坝事故预防的关键点。

澳大利亚大坝委员会（Australian National Committee on Large Dams，ANCOLD）也发布了《大坝安全管理指南》（Guidelines on Dam Safety Management）、《大坝可接受防洪能力选择指南》（Guidelines on Selection of Acceptable Flood Capacity for Dams）、《大坝抗震设计指南》（Guidelines for Design of Dams and Appurtenant Structures for Earthquake）及《环境评价和管理指南》（Regulations and Practice for the Environmental Management of Dams in Australia）等一系列大坝指南，并在 2012 年 5 月发布了一份关于尾矿坝规划、设计、施工、运行及闭库新准则的文件

(Guidelines on Tailings Dams：Planning，Design，Construction，Operation and Closure），新准则重点关注风险评估方法，覆盖闭库及闭库后的生命周期，扩大了应用范围。

联合国环境规划署（UNEP）和国际金属与环境理事会（International Council on Metals and the Environment，ICME）共同发布了《尾矿管理案例分析》（Case Studies on Tailings Management），提供了优秀的尾矿管理实践案例。

1.2.2 国内尾矿库安全研究现状

尾矿库是矿山企业重要的风险源之一，也是企业的环境保护工程项目之一，一旦失事将可能造成灾难性的后果，包括不限于生命损失、经济损失、环境破坏等。在过去较长一段时期内，受我国国情所限，企业疏于管理、社会风险认知不足、政府部门安全监管乏力、规章制度及标准指南缺位、专业技术人才缺乏等多种原因的积累导致了我国尾矿库事故频发。但是近些年国家政府及相关部门开展了大量针对保障尾矿库安全生产的工作，较大提升了尾矿库安全管理水平，尾矿库安全生产形势持续好转。

自 2007 年起，国家相关部门连续 6 年开展全国尾矿库专项整治行动，加强对尾矿库安全生产和环境安全的监督管理，强化尾矿库建设项目审批和秩序整顿。并于 2013 年启动新一轮尾矿库综合治理行动，旨在解决尾矿库安全环保方面面临的新矛盾、新挑战和新要求。2016 年，原安监总局发布了遏制尾矿库"头顶库"重特大事故工作方案，进一步综合治理"头顶库"。

2020 年国务院安委会印发的《全国安全生产专项整治三年行动计划》（安委〔2020〕3 号）开启了尾矿库三年整治行动；同年 12 月，应急管理部等八部委联合印发了《防范化解尾矿库安全风险工作方案》（应急〔2020〕15 号），旨在提升我国尾矿库安全风险管控能力，有效防范化解我国尾矿库安全风险，保障人民群众的生命财产安全和社会稳定。2022 年矿山安全监察局、财政部制定了《尾矿库风险隐患治理工作总体方案》，旨在推动尾矿库风险隐患治理，有效防范化解尾矿库重大安全风险。

与此同时，尾矿库相关领域专家、学者、管理人员及技术人员也从未间断对如何保障尾矿库安全稳定运行的探讨，包括尾矿库事故影响因素、尾矿库溃坝机理、风险评价、坝体稳定性及安全监测等方面。

为了对尾矿库事故的影响因素及其关系进行研究，诸多学者采用了不同的方法。其中事故树法是比较典型的方法之一，该方法能够清晰地刻画尾矿库事故影响因素之间的因果及逻辑关系，识别关键基本事件，刻画事故演化途径。也有学者采用鱼刺图法分析研究尾矿库溃坝成因及溃坝路径，为尾矿库的安全管理提供依据。也有研究表明，将复杂网络引入尾矿库溃坝研究中，能够明确表征事故影响因素的相互作用关系，表征溃坝事故风险的演化规律。

关于尾矿库坝体稳定性方面的研究，国内学者采用的研究方法主要包括理论计算、数值模拟和模型试验等。譬如，张力霆对尾矿库溃坝研究进行了综述，总结人们对尾矿库失稳的研究工作主要集中在尾矿坝坝体静力抗滑稳定分析及地震作用下饱和尾砂液化判别上。李强等结合流固耦合和强度折减法对尾矿坝进行了稳定性分析。敬小非等以现场排放尾砂为试验材料，进行了洪水条件下尾矿堆积坝垮塌破坏的模型试验。在尾矿库风险评价方面，彭康等建立了尾矿库溃坝风险分级预测的未确知测度评价模型。李全明等基于建立的尾矿库溃坝风险指标体系和风险评价模型，对运行期的尾矿库风险进行了评估。在尾矿库在线监测方面，李刚对我国近年来尾矿库在线监测系统发展历程及存在的一些问题进行了总结，并分析了尾矿库安全监测的未来趋势，譬如"空天地"一体化技术等。

综合来看，国内学者对尾矿库安全进行了多方位的探讨，特别是在尾矿库安全技术方面的研究较为深入，取得了丰硕的成果。近几年，受矿业发达国家的尾矿库管理机制和最佳实践的启发、影响，尾矿库风险管理研究成为矿山安全管理及灾害防控研究的前沿领域。

1.3 尾矿库风险管理相关研究

目前通用的风险管理理论大多以 ISO 发布的 ISO 31000 风险管理体系为基础。2009 年 11 月，ISO 发布了第一版风险管理体系。经过近十年的修订升级，2018 年 2 月，ISO 发布了最新的风险管理标准 ISO 31000《风险管理指南》。该风险管理体系提供了管理任意类型风险的通用方法，不是某一领域或行业特定的；还可以用于组织的全生命周期过程及其活动，包括各层级的决策等。

ISO 31000 中界定的风险管理流程（见图 1-13）包括：明确风险管理的范围，考虑企业内外部环境和相关利益方的诉求，制定风险管理准则；对企业进行风险评估，包括风险识别、风险分析、风险评价；根据企业的风险偏好采取适当的风险处置策略和措施；企业的风险管理过程与活动应有持续监测和定期审查机制；

沟通与咨询应贯穿于企业整个风险管理过程中；应形成企业风险管理记录与报告。

1.3.1 隐患辨识及分析研究

隐患是安全生产事故的致因，是事故发生的前提，有效地消除和控制隐患，从而实现系统安全的超前控制，落实"预防为主"的安全生产方针具体体系。《现代劳动关系词典》认为隐患是指企业的设备、设施、厂房、环境等方面存在的能够造成人身伤害的各种潜在的危险因素；《职业安全卫生术语》中事故隐患是可导致事故发生的物的危险状态、人的不安全行为及管理上的缺陷。

《安全生产事故隐患排查治理暂行规定》定义隐患为：生产经营单位违反安全生产法律、法规、规章、标准、规程和安全生产管理

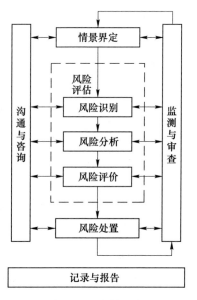

图 1-13 风险管理流程

制度的规定，或者因其他因素在生产经营活动中存在可能导致事故发生的物的危险状态、人的不安全行为和管理上的缺陷。《危险化学品企业事故隐患排查治理实施导则》中事故隐患是指不符合安全生产法律、法规、规章、标准、规程和安全生产管理制度的规定，或者因其他因素在生产经营活动中存在可能导致发生或导致事故后果扩大的物的危险状态、人的不安全行为和管理上的缺陷。

通常而言，隐患辨识是对尚未发生的各种隐患进行全面识别和系统归类，辨识方法包括专家调查法、安全检查表法、预先危害分析、情景分析法、故障树分析、事件树分析等，其中一些方法的优缺点描述如下：

（1）专家调查法。一般用于定性分析，适用范围广泛，尤其是对采用新技术、新方法的项目，能够简单全面地分析隐患，但辨识结果受限于专家水平和风险偏好。

（2）安全检查表法。一般用于定性分析，借鉴最佳案例的安全检查表对系统进行全面检查，辨识系统中各类隐患，用于有较多先例可循的项目，但是先例项目的数量和记录会对结果产生重要影响。

（3）工作任务分析法。一般用于定性分析，先将本岗位所有活动、场所及

具体流程以清单形式列出,进而基于相关标准规程、技术标准及工作实践等,考虑、分析实际工作中人、机、环、管等方面的隐患。该方法系统性强,结构化程度高,但工作分解结构的合理性将直接影响最终辨识结果。

(4)情景分析法。一般用于定量分析,适用于大型工程项目,能够把握风险因素未来的发展动向,有着较好的预测性,但需要依赖大量的数据,而这些数据通常难以全部获取。

(5)事故树分析法。一般用于定性分析,先确定顶上事件,根据逻辑关系逐层分析其发生原因(中间事件),直到基本事件为止。各层事件之间具有较强的逻辑关联性。

(6)事故致因法。一般用于定性分析,根据系统中潜在的或已存在的事故后果,挖掘与其相关的原因、条件、规律等。事故是由一系列致因事件耦合导致的,而非孤立事件导致的。

吴宗之等在对国内外160起尾矿库事故统计分析的基础上,基于鱼刺图分析方法,研究溃坝路径及其成因,并提出相应的预防和控制措施,结果表明:渗透破坏、洪水漫顶、浸润线过高、坝坡过陡、坝体上升速度过快、地震液化是溃坝事故的主要类型。柴建设等从自然、技术、设计、施工、社会、管理等六个方面考虑,面向尾矿库勘探、设计、施工、生产等全过程进行了尾矿库危险因素辨识。

束永保等运用事故树从自然灾害、坝体质量问题、人因管理缺陷等3个方面对溃坝事故的风险影响因素进行了研究。赵怡晴等提出了一种基于"过程-致因"网格法的面向尾矿库生命周期的隐患及事故主要影响因素的识别方法,该方法按照环境、技术、人因及法规四个方面的因素,结合尾矿库生命周期的四个环节,包括建设、运行、闭库、复垦(再开采)阶段,从16个子集对影响尾矿库安全的隐患及事故的主要影响因素进行了较系统的分析。

1.3.2 风险表征研究

在风险管理流程中,针对具体研究对象,风险表征不仅要识别影响可能性和后果的因素,考虑风险的可能性及其后果,还要考虑现有的风险控制措施及其有效性,结合各因素确定风险水平。风险评价通常涉及对意外事件发生的可能性及潜在后果进行估计,以便确定风险等级。

根据风险评价的目的、可获取数据以及决策需要,风险评价可以是定性的、半定量的、定量的或以上方法的组合。IEC 31010 提出了一些风险评价技术的操作指南,包括德尔菲法、检查表法、保护层分析、风险矩阵、风险指数、事件树分析、故障树分析、领结图分析、层次分析法等。

为对尾矿库进行风险评价,某一数学模型或某几个数学模型结合的风险评价方法备受诸多学者青睐。这些方法步骤大体一致,一般采用模糊(专家)决策的方法评价尾矿库风险,首先建立风险评价指标体系,进而通过一定的数学模型对指标进行处理,最终得出尾矿库的风险等级。譬如,层次分析法、熵权法、变权法、模糊综合评价法、集对分析法、物元可拓模型、未确知测度模型等,均被应用于尾矿库事故风险评价。

R. B. Fernandes 等根据安全检查表中各影响因素及其概率,基于事件树方法确定了尾矿库事故概率;考虑尾矿库事故造成的社会、环境、经济等损失,确定了尾矿库事故后果等级;同时考虑了检测指数,即新的事故影响因素得以发现的可能性大小;基于 FMEA 二维矩阵,对尾矿库风险指数进行了表征。T. Hao 等基于云模型结合物元可拓模型建立了尾矿库风险量化模型,应用表明该模型的风险评价结果能够与尾矿库实际状况相吻合,模型的有效性得到了验证。

此外,D. Nišić 等考虑可能性和后果两个维度,基于地震、水、安全超高、排洪构筑物等隐患因素,运用 4×4 风险矩阵对尾矿库风险进行了评价。K. M. Chovan 等将尾矿库年事故概率、后果等级、尾矿库工程水平相结合,对尾矿库风险进行了评估。Y. Chen 等通过对在线监测系统监测数据进行分类回归,构建了尾矿库风险监测预警模型,研究表明该模型具有一定的预测预警功能,能够为企业提供数据参考,支撑企业的风险管理决策。

一些学者也针对尾矿库事故造成的事故后果进行了评价。王仪心等通过计算尾矿库溃坝概率,考虑了下游淹没范围内的生命损失、经济损失和环境损失等三个方面的溃坝损失,对襄汾尾矿库溃坝进行风险评价。郑欣提出尾矿库溃坝后果严重度是由尾矿库自身损失和溃坝造成的损失构成的,采用尾矿库规模、生命损失、经济损失和社会环境影响等 4 个因素对尾矿库溃坝损失进行评价。

梅国栋在考虑溃坝固有风险和承灾体脆弱性的基础上,建立溃坝灾害脆弱性评估指标体系;基于损失率的承灾体风险损失评估方法,获取人口、财产和生态系统三类承灾体风险损失度,构建溃坝灾害风险损失度评估方法。束永保等从生命损失、财产损失和环境损失等三个方面评价了溃坝事故经济损失风险,结合溃坝事故造成的死亡人数,划分了溃坝事故后果的严重性等级,引入空间因素,使不同区域内溃坝事故对当地社会经济的损失影响具有可比性。J. R. Owen 等采用 E（环境）S（社会责任）G（公司治理）指标体系，从尾砂、水、生物多样性、土地利用、社区居民、社会脆弱性、政策脆弱性、批准许可等八项具体指标，对尾矿库事故风险进行了评价。

1.3.3 风险预控研究

尾矿库事故后果几乎均是负面性的，会对周边居民、生态环境、社区等造成安全、环境、健康等方面的不良影响。尾矿库风险预控领域的研究成果大体可划分为风险预控技术措施和管理措施。

（1）技术措施。尾砂力学性质是影响尾矿库稳定的关键因素之一，魏作安等采用化学方法加固土体的方法，通过室内试验探究了如何运用高分子材料改良尾砂黏聚力、内摩擦角等力学性质。尹光志等通过细粒尾矿堆积坝加筋加固模型试验发现，加筋能提高细粒尾矿堆积坝的稳定性。赵一姝等通过试验发现加设筋带可降低坝体渗透速率、提高坝体抗滑能力，但会使浸润线上升。绿色加筋格宾挡墙、抗滑桩等技术也被一些学者用于提高坝体稳定性的研究。

刘明生等对库外排洪设施进行了优化设计，避免构筑物内发生空蚀破坏，减轻对排洪构筑物的损坏。A. Fourie 提出将 Burland 土力学三角理论（地形、土壤行为、应用力学）运用于尾矿坝管理，从岩土工程、地质工程的角度对尾矿库事故进行防范。M. James 等认为可以通过在尾矿库中加入废石包裹体提高坝体的抗震性，同时可以降低孔隙水压力，并运用数值模拟方法进行了验证。

（2）管理措施。考虑尾矿库不同阶段面临的风险因素以及风险演化的特性，张媛媛从尾矿库生命周期的勘察设计、建设、运行等三个阶段出发，提出相应的溃坝风险防控方法，为不同阶段的尾矿库风险管理提供了策略支持。

"头顶库"溃坝严重威胁下游群众生命财产安全，王昆针对性地提出了我国尾矿库溃坝灾害防控与应急管理的改进建议：降低尾矿产量，提高尾矿回收利用率；科学划分尾矿库安全等别，规范尾矿库安全管理；正视事故原因、积极总结教训；应急管理措施的完善；尾矿堆存新工艺、监测装备水平的改进与推广实施。

K. Stefaniak 和 M. Wróżyńska 以波兰 Żelazny Most（ZeM）尾矿库为例（见图 1-14），从技术监测和环境监测两个方面，说明了监测系统的监测数据有助于及时发现坝体隐患并采取措施，避免造成生命财产损失和生态环境破坏。

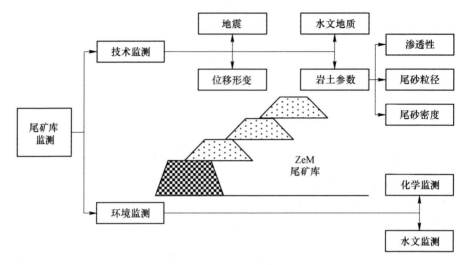

图 1-14　ZeM 尾矿库监测

S. Hui 等指出采用监测手段能够对坝坡失稳、漫顶、渗流、坝体结构破坏等风险进行有效防控，进而保障尾矿库的安全生产、职工及社区居民的安全和生态环境的稳定。J. F. Vanden Berghe 等研究指出除坝体位移监测、库水位监测外，理想的在线监测系统还应涉及基于监测数据的坝体稳定性评估、潜在的溃坝形式、预警等级划分及其相应的风险对策等。

C. Yaya 等、P. Sjdahl 等使用电阻率成像仪分别对加拿大 Westwood 尾矿库与瑞典 Enemossen 尾矿库的裂缝、变形，以及内部含水饱和度等情况进行了探测，展现了地球物理方法在尾矿库监测中的应用前景。D. Colombo 和 B. MacDonald 将干涉合成孔径雷达（InSAR）技术用于非洲两座尾矿坝变形的监测，取得了较好的效果。B. Schmidt 等通过卫星技术和航空摄影技术，监测了墨西哥某长达 11km 的尾矿坝，克服了传统测量方法测量误差大、耗时长、危险性高等不足，对库区建设运营意义重大。

2 尾矿库溃坝隐患辨识及演化关系分析

基于法规、标准、规范、规程、文献、案例等证据，构建证据库，对尾矿库溃坝隐患进行辨识，并建立隐患清单。通过建立隐患的 AISM 模型，分析隐患间的演化关系。相较于传统的解释结构模型（Interpretive Structure Modeling，ISM），AISM 模型能够形成一组具有对抗性质的多级递阶有向拓扑图，清晰明了地展现隐患间的演化关系和级次结构。进而基于 MICMAC 模型，计算各隐患的驱动力值和依赖度值，绘制驱动力值-依赖度值关系图，实现隐患间演化关系的量化及可视化。

需要进一步说明的是，本书的研究对象主要为运行期的上游式筑坝尾矿库。尾矿库堆积坝的筑坝方式分为上游式、中线式和下游式三种，尽管上游式筑坝由于工艺自身原因浸润线较高，易发生溃坝事故，但由于上游式筑坝工艺简单、建设与运行费用低、管理方便、实用性强等优点，加之历史原因，我国金属非金属矿山 95% 以上的尾矿库均采用上游式筑坝法。因此，本书研究主要针对上游式筑坝尾矿库进行。

相关研究表明在运行期内的尾矿库发生溃坝事故的比例最高，且尾矿库闭库需重新进行审批、设计、施工、验收等流程，闭库完成后，尾矿库不再承担生产任务，相关技术参数变化较小。因此，本书研究主要对运行期的尾矿库进行，也包括尾矿库的设计期、建设期，但未包括尾矿库的闭库及闭库后的复垦、再利用等。

2.1 基于证据的溃坝隐患辨识框架

尾矿库作为一个动态持续变化的矿业设施，其隐患辨识须体现科学性、系统性。在本研究中，将尾矿库溃坝隐患界定为违反法律、法规、规章、标准、规程和管理制度等规定及要求，或者在系统中存在可能导致尾矿库溃坝事故的管理缺陷、人的不安全行为和物的不安全状态。

基于尾矿库相关法律法规、标准规范、技术指南、作业规程、事故案例、科技文献等证据资料，对尾矿库溃坝隐患进行辨识：涵盖坝体、库区、排洪、排渗、监测和制度规范等多个尾矿库单元；设计期、建设期、运行期等3个尾矿库生命周期环节；管理缺陷、人的不安全行为、物的不安全状态等3个致因类别。

2.1.1　证据库构建

近年来，基于证据的方法在管理、教育、交通、航空和地质等领域的运用愈发广泛。通过运用证据，结合专家、从业人员经验，并考虑利益相关方的价值观、关注点、实际需求，寻求多方参与以做出最终决策。

针对当前尾矿库溃坝隐患辨识所面临的证据缺乏系统性、全面性、合理性等问题，本研究通过收集、总结、分析、应用相关证据，将证据运用到隐患辨识中，为隐患辨识提供证据，也为后续风险预控提供证据支撑。

大量且高质的溃坝隐患相关证据是基于证据的隐患辨识的前提。"隐患相关证据"不仅包括数据，也包括文本、视频等，表现形式多样化，且注重科学严谨性。基于证据的隐患辨识尽可能地获取与尾矿库溃坝隐患相关的证据，对尾矿库溃坝进行隐患辨识。这些证据至少应具备客观真实、适用有效及动态开放等3个基本特征，见表2-1。

表2-1　溃坝隐患相关证据的基本特征

基本特征	具体释义
客观真实	证据最基本、最重要的特征，能够被采纳的证据须是严谨合理的，且证据自身是客观存在的
适用有效	证据的第二个特征，其表现形式、内容都需具备适用有效性。在获取大量证据时需反复甄别、判断，以确保证据的适用有效性，避免因认知、偏好、利益等原因造成错判、误判
动态开放	证据应是开放、可获取的。数据库中的文献、实践中累积的经验、官方发布的报告等，都属于动态开放的证据

溃坝隐患相关证据来源主要包括5类：政策文件、事故调查报告、科技文献、媒体网站、经验判断，见表2-2。

表 2-2 溃坝隐患相关证据来源

证据来源	分类代码	具体释义
政策文件	e1	最新的权威的安全标准规范，包括法律法规、技术指南、规章制度等
事故调查报告	e2	官方或专业机构经过详尽调查后形成并公开发布的事故调查报告，权威性和可靠性较强
科技文献	e3	一般为已评审的、发表的、质量可靠的科学研究成果，例如 WOS、CNKI 等国内外文献数据库
媒体网站	e4	应急管理部网站、矿山安监局网站、企业官网等
经验判断	e5	管理人员、技术人员在其工作过程中积累的经验知识

基于证据的溃坝隐患辨识关键步骤如图 2-1 所示。

图 2-1 基于证据的溃坝隐患辨识关键步骤

（1）提出明确的隐患辨识问题。界定研究问题为尾矿库溃坝隐患辨识，涉及的关注点包括滑坡、漫顶、渗流、地震液化等，主要为风险管理相关方向。

（2）全面系统搜集证据。一是要有充分的证据资源，譬如专著、期刊、标准规范、数据库等；二是尽可能全面地从这些证据源中识别相关证据。

（3）严格评价，找出证据。从证据的可靠性、真实性、实践价值、适用性和相关性等方面评价搜集到的证据，辨别出溃坝隐患相关证据。

（4）整合证据，以便用于后续的应用实践。

（5）应用证据，进行隐患辨识。将获取的证据用于指导辨识隐患，进而服务于风险评价、风险预控等。

（6）持续改进。实时关注证据更新，持续对辨识出的隐患进行更新、完善。

最终，建立证据库，详见附录，各类证据来源条数分布如图 2-2 所示。

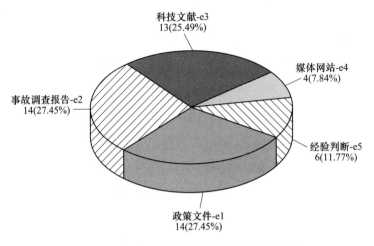

图 2-2 溃坝隐患辨识相关证据来源条数分布

2.1.2 尾矿库系统划分

为了系统地对尾矿库隐患进行辨识和分析，本节在参考《尾矿设施设计规范》（GB 50863—2013）和《尾矿设施施工规范》（AQ 2001—2018）的基础上，结合影响尾矿库溃坝的管理缺陷、人的不安全行为、物的不安全状态等 3 个方面，对尾矿库系统进行了划分。新划分的尾矿库系统包含了 7 个子系统，7 个子系统又依据功能构成分为 20 个模块，如图 2-3 所示。

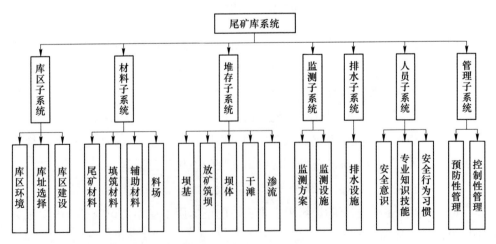

图 2-3 尾矿库系统划分

新尾矿库系统的具体内容如下。

2.1.2.1 库区子系统

库区子系统包含了库区环境、库址选择和库区建设三个模块。

库区环境主要指尾矿库所处地区可能影响尾矿库安全运行的生物活动、水文气象和地形地质等环境条件。有利的库区环境为尾矿库的安全运行提供良好的环境保障。

尾矿库库址的选择应在符合国家相关法律法规和行业规范及标准的前提下，对不同的选址方案从技术经济角度进行综合比较。不当的库址选择，不仅影响尾矿库的安全运行，也会增加尾矿库的建设和运行成本。当布置在距离居民区较近的上风侧时，甚至还会直接影响附近居民的身体健康。

尾矿库库区建设涉及尾矿库类型、尾矿库等别和构筑物级别、尾矿库安全度等方面，具体为：

（1）尾矿库类型。尾矿库的类型包括山谷型、傍山型、平地型和截河型等，几种库型在坝体布置、建造方式、排水系统设计、尾矿堆存方式等方面均存在差异。因此，在对不同库型的尾矿库进行隐患辨识时，需要做好分类辨识和隐患整合工作。

（2）尾矿库等别和构筑物级别。《金属非金属矿山安全规程》和《尾矿库安全规程》对尾矿库的安全运行起着监督和指导的作用，目前两者都已经进行了更新。其中，GB 16423—2020《金属非金属矿山安全规程》代替 GB 16423—2006，实施日期 2021 年 9 月 1 日；GB 39496—2020《尾矿库安全规程》代替 AQ 2006—2005，实施日期 2021 年 9 月 1 日。同时，新的尾矿库安全规程已上升为国家标准。《尾矿库安全规程》（GB 39496—2020）对尾矿库的等别划分和尾矿库构筑物级别的划分做出了规定，见表 2-3 和表 2-4。

表 2-3　尾矿库设计等别表

等别	全库容 V/万立方米	坝高 H/m
一	$V \geqslant 50000$	$H \geqslant 200$
二	$10000 \leqslant V < 50000$	$100 \leqslant H < 200$
三	$1000 \leqslant V < 10000$	$60 \leqslant H < 100$
四	$100 \leqslant V < 1000$	$30 \leqslant H < 60$
五	$V < 100$	$H < 30$

表 2-4　尾矿库构筑物级别表

等别	级别		
	主要构筑物	次要构筑物	临时构筑物
一	1	3	4
二	2	3	4
三	3	5	5
四	4	5	5
五	5	5	5

注：1. 主要构筑物系指尾矿坝、排水构筑物失事后将造成下游灾害的构筑物。

　　2. 次要构筑物系指主要构筑物之外的永久性构筑物。

　　3. 临时构筑物系指施工期临时使用的构筑物。

（3）尾矿库安全度。尽管《尾矿库安全规程》（AQ 2006—2005）已被新的安全规程所替代，但其对尾矿库安全度的划分因为操作简单依然有重要的参考价值。《尾矿库安全规程》（AQ 2006—2005）从尾矿坝的稳定性和尾矿库的防洪能力两个方面将尾矿库安全度依据尾矿库的安全程度从高到低分为正常库、病库、险库和危库 4 级。

结合《尾矿库安全规程》（AQ 2006—2005），本节从隐患辨识的目的出发，将不同安全度的尾矿库隐患进行梳理，见表 2-5。

表 2-5　不同安全度的尾矿库的隐患

安全度等级	生产情况	渗流	排洪	坝体
正常库	正常	正常	正常	正常
病库	正常	浸润线升高，较小程度的管涌、流土等渗流问题	排水设施缺陷，排水构筑物损坏，但排洪能力基本满足要求	坝体局部开裂，坝坡设计不当等问题，坝坡仍能保持稳定
险库	停产	渗流问题严重	排水设施存在严重缺陷，排水构筑物损坏严重，水位超警，调洪库容不足，排洪能力不满足要求	除坝体开裂变形外，出现滑坡问题，坝体失去稳定性
危库	停产	渗流问题严重	洪水漫顶	滑坡，坝体高程降低，出现溃坝迹象

从表 2-5 中可以看出，隐患因素随着尾矿库安全度的降低逐渐增多，低安全度的尾矿库不仅包含高安全度尾矿库存在的隐患因素，还将出现更严重的隐患因素。尾矿库停产后，尾矿库将不会出现运行过程中可能存在的尾矿库堆存、坝体填筑等生产活动才存在的隐患因素。渗流问题在病库、险库和危库中都存在，只有正常库无渗流问题。当尾矿库为险库后，排洪系统将出现排洪能力不足，如果不加以治理将可能引发洪水漫顶并进入危库阶段。尾矿库安全度降低为险库后，坝体将出现滑坡等严重问题，如果继续恶化，尾矿库将成为危库，并且可能出现溃坝。

2.1.2.2 堆存子系统

依据尾矿坝系统的功能和构成，将尾矿库堆存子系统划分为尾矿坝、初期坝、后期坝/堆积坝、尾矿排放、坝体填筑、坝基和渗流等 7 个模块。

堆存子系统所涉及的隐患主要由尾矿坝的结构设计和布置问题所产生，这里强调的是一种整体性概念，并不涉及尾矿坝中某一个结构所存在的隐患。从坝型来看，初期坝可以分为透水型和非透水型。后期坝的堆存形式主要包括上游式堆积坝、下游式堆积坝、中线式堆积坝、高浓度尾矿堆积坝和水库式尾矿堆积坝。尾矿排放模块指的是尾矿排放和堆存方法，主要包括干法、湿法和两者之间。坝体填筑过程中涉及人员、物料和管理等方面的大量隐患。坝基模块主要包括坝基建设和功能维护。初期坝建成后，坝基建设工作已经完成，后续只涉及坝基的维护。因此，与坝基建设相关的隐患只能出现在建设阶段。尾矿库渗流系统出现异常后，随着时间推移将对尾矿库的稳定性产生严重破坏。

2.1.2.3 排水子系统

排水子系统主要包含排水设施。排水设施是尾矿库必须设置的安全设施，能够将汇水面积内洪水安全排至库外，保证尾矿库在洪水运行期的安全稳定。排水设施的安全可靠直接关系到尾矿库防洪安全。

尾矿库库内排水设施主要由进水构筑物和输水构筑物两部分组成。排洪构筑物型式的选择，应根据尾矿库排洪量大小、尾矿库地形、地质条件、使用要求及施工条件等因素经技术经济比较综合确定。

尾矿库排水设施主要包括四类排水构筑物：井-涵洞（或隧洞）式排水构筑物；涵洞（管）、隧洞；斜槽-涵洞（或隧洞）式排水构筑物；开敞式溢流道和分洪截洪道。

尾矿坝下游坡面的雨水用排水沟排出。其中截水沟沿山坡与坝坡结合部设置，以防止山坡暴雨汇流冲刷坝肩；排水沟在坝体下游坡面纵横设置，将坝面雨水导流排出坝外，以免雨水滞留在坝坡形成坝面拉沟，影响坝体安全。

2.1.2.4　材料和监测子系统

依据材料的类别、功能和来源，材料子系统可以划分为尾矿、填筑材料、覆盖材料、防腐材料、构筑物材料和料场等模块。选用不合格的材料、不匹配的材料、不恰当加工使用方式等都会给尾矿库的安全带来大量的隐患。

监测子系统的隐患可能来自监测设施的布置、监测设备的质量和监测系统的管理等方面。监测子系统的健康运行有助于提前发现事故隐患，帮助管理方尽早采取措施。

2.1.2.5　管理和人员子系统

管理子系统涉及管理制度、相关法律法规、技术规范和规程、日常监管、资金投入、资料管理等。

人员子系统主要涉及人的不安全行为，涉及安全意识不足、专业知识技能欠缺、安全行为习惯不佳等方面。

2.1.3　尾矿库生命周期

全生命周期评价（Life Cycle Assessment，LCA）是对某一种产品从原材料的获取、加工，到制造生产包装、运输销售、使用维护、回收再利用、直至最终废弃处置的从"摇篮"到"坟墓"（cradle-to-grave）的全生命周期过程环境影响进行评价的技术，是定量化、系统化评价各种产品或工艺或服务对于环境造成综合影响的一种标准方法，目的是寻求可改善环境影响的环节以及如何改进该环节。

作为因环境污染而饱受诟病的行业，LCA 分析在矿业领域同样得到了高度重视，然而当前矿业领域的研究主要聚焦原料由矿石开采到矿物加工为矿产品的生产过程环境影响，而往往都简化或忽略了选矿过程产生的大量尾矿废弃物排放堆存过程，该方面的研究国内报道较为少见。法国研究者 Beylot 与 Villeneuve 以波兰西南部一处尾矿库为例，研究了硫化铜矿尾矿废弃物排放存储过程的全生命周期影响，结果显示当考虑毒性相关的环境影响指标时，尾矿排放的环境影响在精铜生产工艺流程中占据主导地位，尾矿处理环节应当引起足够的重视。

LCA 方法的基本特征主要包括以下几个方面：

（1）评估系统全面。涵盖由"摇篮"到"坟墓"的多个生命周期阶段，并且涉及多种环境影响路径，多种资源环境问题。

（2）指标客观并且可量化。评价指标具有可量化的特点，例如产品碳足迹即各类温室气体的排放、产品环境足迹等 14 类指标。

（3）标准化。当前已拥有国际承认的 ISO 14040《全生命周期评价原则与框架》及国标 GB 24040《环境管理生命周期评价原则与框架》等系列标准支持。

（4）普适性。适用于各式各样的产品、服务、技术、工艺、管理政策决策过程的环境评价。

（5）需求广泛。对于产品设计、企业管理者的生产管理决策、技术评估、市场营销、政府决策等具有重要参考意义。

尾矿库是金属非金属企业存储矿物废渣的重要场所，是矿山企业不可或缺的重要基础设施之一，兼具内部性（尾砂与废水）和外部性（库体与自然环境）的安全、环境、健康等问题，尾矿库的各个生命周期阶段均涉及这些问题。对于尾矿库生命周期的界定，《尾矿库安全规程》（GB 39496—2020）中提及的尾矿库生命周期包括勘察、设计、施工、运行、回采、闭库等阶段，而在实际的尾矿库事故案例统计分析中可以得出，导致事故发生的直接致因、隐患大多可以归纳在尾矿库生命周期的设计、建设、运行等 3 个阶段。

就尾矿库隐患辨识而言，尾矿库生命周期的各阶段的内涵如下：

（1）选址规划。尾矿库的选址及规划起于矿山规划伊始，贯穿整个矿区的规划，包括采矿与选矿计划。本阶段应采用严谨的决策工具以支撑尾矿库选址并选用尾矿库管理最佳可用技术。

尾矿库的设计不同于水电站等其他类型的蓄水设施，一般按照最大容量进行一次性设计、施工及完工，而是伴随着矿山开采划分为多个水平及阶段进行多次施工及运行，表现出较强的动态性及不确定性，容易引发风险，需要突出考虑尾矿库规划对矿山规划及运行的适应性，包括必要的变更、修改及评审，以确保获得充分的财经支持和计划安排，以及最终闭库安全目标的实现。

需要考虑的要素包括：

1）系统决策。制订尾矿处置方案时，需要与矿山规划和进度安排进行整合，譬如，利用及分置表土或岩石，用于隔离墙构筑、封堵和复垦覆盖等。

2）持续利用及预防危害。尾矿处置设施需要避免矿产资源的贫化或对水土资源产生污染。

3）施工保障。尾矿库的工程实施、表面封土等材料便利可用、充分。

4）尾矿的地球化学表征。掌握尾矿的地球化学特征，用以评估尾矿库的运行过程中及关闭后酸性和金属矿废水排放的风险与尾矿库选址。表征所用的样品，应通过相关实验、试验工程中获取，作为尾矿库选址规划乃至矿山开采规划的重要组成部分。

5）变化管理。矿山及选矿厂生产能力的提高，会影响尾矿和水的处置需求；尾矿库区平面的上升速度，对尾矿强度和稳定性也有影响。这些都是需要管理的风险源或构成隐患。

6）尾矿再利用。尾矿一般仍包含有用矿物，随着技术及市场的变化，这些矿物会成为资源，因此，经常将其作为尾矿库管理方面的一个目标。但是，这种对潜在资源的再利用或已经实际开展的再利用，不应以尾矿地球化学稳定性或力学稳定性为代价。

尾矿库的规划及计划，需要贯穿于尾矿库生命周期动态过程中，考虑对规划及计划目标开展年度审计，且每五年进行评审及重大升级。尾矿库生命周期的各个阶段施工，都需要制订规划及进度计划，包括气候或其他风险应对计划，以确保工程具备足够的预算、充裕的工期，按时完工及投入运行。计划的主要内容包括：

1）阶段施工启动时间。

2）勘察研究、规划设计、许可批准的进度计划。

3）年度和阶段的估算成本。

从预可行性研究及规划阶段开始，在尾矿贮存设施开始施工前，需要持续观测生态环境基线数据以及因尾矿库建设而对生态环境特征，诸如性质、质量、水平、程度、数量等造成的影响，涉及的观测内容一般包括：

1）地下水水位和水质。

2）土壤和岩石的含水量和地球化学性质。

3）空气质量。

4）尾矿或矿石的地球化学性质。

5）尾液、封存水、浸出液水质。

6）动植物种群和密度。

7）放射性的天然水平和本地基线水平。

尾矿库开始运行前，需要通过公众健康安全风险及社区生态环境风险的评估，建立风险管理体系及可接受准则，辨识隐患，分析和评价风险，做出风险决策及处置方案，报告及公示风险情景，以获得政府监管机构的审核及社区的认同。

（2）设计。尾矿库选址规划及最佳可行技术一旦确定，相关尾矿库设计就要与矿山项目详细设计同步协同进行。尾矿库设计必须合法、合规，全面系统地描述所采用的设计标准、工艺、方法等，包括所有设计参数和关键的性能规范，以及运行程序、维护程序、安全控制等内容，为安全运行、风险防控、应急处置等提供技术基础。

尾矿库设计规范起码应涉及以下要求：

1）输送系统运行的最小、最大、平均尾矿产率（m^3/h）。

2）影响运行和关闭设计方案选择的尾矿地球化学特性。

3）与产率相对应的尾矿浆浓度分布及平均浓度。

4）尾矿库的服务期及生命周期阶段的尾矿排放吨位。

5）回水系统的最大容量（m^3/h）。

6）尾矿浆的流变性质。

7）与利益相关方协商确定的公众健康安全、社区、环境目标，诸如，渗流、地下水水质、停产、复垦、关闭等方面的要求以及空气质量、放射性水平的合规情况等。

8）运行和维护要求，譬如"三同时"、自动监控、无人值守系统等。

（3）初期建设。尾矿库初期建设包括尾矿排放所需的结构和基础设施的建设，诸如植被及表土的剥离和地基、初期坝、管线、道路、水处理等设施的建设。

1）初期建设质量对于尾矿库安全发挥重要的基础作用。做好尾矿库初期建设施工报告，保留完成的施工作业记录对后续安全非常重要。

2）施工设计图纸和相关规范。尾矿库的施工方需要具备资质，选材、施工程序及技术、质量等均需在适当的监督下达到设计规范。

3）岩土工程条件表征与记录。地基准备、坝基隔水及疏水设施相关的岩土工程稳定性、裂缝处理、填土夯实等情况。

4）竣工记录，包括施工工程的详尽、准确说明，施工过程中的变更情况，补救工程详图和尺寸，反演分析所需数据及信息。

（4）运行。尾矿库的运行阶段包括按照设计排放尾矿、加高坝体，通常与矿山正常生产运营相呼应。

尾矿库正常运行将明确地体现出矿山管理层的经营责任，对设计、运行、关闭目标的透彻理解，以及不按设计目的和规范运行可能造成的影响。

1）作业规程。尾矿库需要备有作业规程，用以指导和协助尾矿库的日常作业，保障尾矿库的运行和维护能够取得尾矿库的设计目标。作业规程应采用图纸等简明的方式来说明作业特点、原则、约束，包括对作业人员进行下列方面的培训：

①坚守良好的尾矿贮存原则。

②普及尾矿安全管理方法。

③普及尾矿设施日常运行的正确方法。

④遵循谨慎的运行程序，例如避免尾矿管线阻塞的正确开关阀门次序。

⑤记录监测设施有效运行的关键最优指标。

⑥保持关键设备运行预防性维护。

⑦记录和保存监测数据的重要性。

⑧采取应急管理计划，例如观察到异常、不良现象或意外情况等。

尾矿库安全监测监控系统是尾矿库运行安全的重要保障，一般涉及：

①尾矿库及其周围地下水压监测监控。

②尾矿库上下游的地表水和地下水水质监测监控。

③尾矿库坝体及相关岩土边坡稳定性的监测监控。

④尾矿库浸润线、干滩长度及坡度监测监控。

⑤年度监测监控报告及其对利益相关方的披露，确保尾矿库安全状况公开透明。

2）巡检及监测监控。人工巡检作为监测监控系统的一部分或有效补充，需要规范化、程序化。尾矿泵送及管线系统，每天应至少检查1次，凡发现有不正常状况或需要维护，皆须记录在案，并采取相应的行动，包括向监管机构和社区报告。巡检内容应包括：

①尾矿库水位的观察结果。

②尾矿库坝体出现潮湿、渗流、侵蚀等主要迹象的目视检查。

③尾矿库的运行状态。

④尾矿库泵送和管线系统的状况。

⑤尾矿库对周边生态环境的影响。

3）应急准备。尾矿库必须备有应急计划，以确保一旦发生尾矿库故障或失效等事件时，能够采取适当的措施，尽量降低矿区现场、社区及环境的安全风险，进而有组织、系统性地对事件做出响应，将影响或损害减到最低。应急计划应包括：

①辨识可能导致事故的隐患及紧急情况的条件，譬如大暴雨。

②明确将人员与隐患隔离的程序，包括预警及撤离。

③消减影响及风险的应对计划，譬如处置计划。

④备妥执行应急措施和应对计划所需的资源。

⑤提出应急培训要求。

⑥记录并公示预警装置的位置及其维护要求，确保功能可靠、随时可用。

4）年度审计。具有尾矿管理经验的岩土工程师，每年应对尾矿贮存设施的性能作评审。评审应对照设计对实际性能作严格评价，并对改进和减轻风险的措施提出建议。这样的评审由一些监管机构授权执行。年度评审主要涉及隐患及风险级别、设计及建设规范、溃坝评估、作业规程、管理程序、监测监控、应急计划、闭库规划等，譬如：

①尾矿库施工阶段的情况是否符合设计，譬如，坝顶高度、库容等。

②尾矿库设计期所采用假设的确认，譬如，假设附加地震载荷情况下坝体的稳定性。

③尾矿库监测监控系统的性能，譬如，监测系统运行的状态。

④尾矿库地下水水位监测结果，譬如，将地下水水位与初始设计目标作比较。

⑤尾矿库运行状态的评价以及改进或改造的建议，譬如，尾矿沉积办法的合理性和地表水位安全超高的控制要求。

2.1.4　辨识框架

为了避免重要的隐患和隐患间的关系被遗漏，本研究提出一种适用于尾矿库事故隐患辨识的方法——基于证据的三维事故隐患辨识框架（an evidence-based identification framework for hazards，EIFH），如图2-4所示。所谓证据，指的是法律法规及行业规范、事故案例、科技文献、媒体网站、经验判断等。此框架的 X 轴表示新划分的尾矿库系统的7个子系统，Y 轴是证据来源，Z 轴是尾矿库的生命周期。3个坐标轴所构成空间中的点，描述了基于不同的支撑证据所辨识出的尾矿库不同生命周期和不同子系统存在的隐患，这些隐患包含了尾矿库系统的全部隐患。然而，因为通过不同支撑证据所辨识出的隐患可能存在重叠，所以在确定最终事故隐患前需要对相同的事故隐患进行整合。

EIFH 从以下几个方面实现了事故隐患的全覆盖：

　　首先，本方法通过收集尾矿库的类型，以及不同类型尾矿库的设施组成，再结合人员、管理影响因素对尾矿库安全的影响，将包含了管、人、物全部三种影响因素的整个尾矿库系统划分为 7 个子系统，每个子系统再根据其功能又分为不同的模块。这个方法成功确定了所有可能出现隐患的子系统和模块，即需要辨识的全部对象。在图 2-4 中，用 X 轴表示包含了尾矿库全部隐患的子系统。

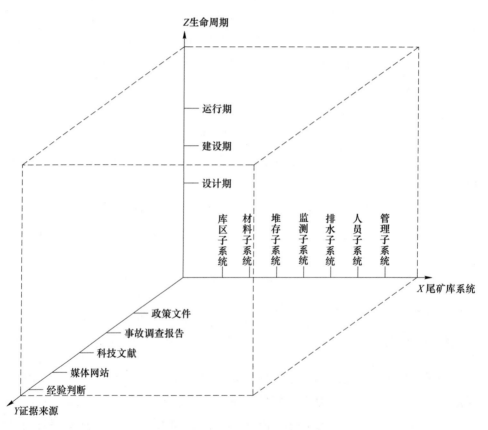

图 2-4　基于证据的尾矿库溃坝隐患辨识框架

　　其次，为了体现出尾矿库溃坝隐患随着时间推移不断演化的特点，将尾矿库整个生命周期划分为设计、建设、运行等环节，与 X 轴子上的尾矿库系统划分方法一起来确认不同时刻、不同子系统需要被辨识的全部对象。X 轴和 Z 轴只是确认了全生命周期中所有需要被辨识的对象，并不代表全部的尾矿库隐患能够被辨识出来。通过逐条分析附录证据清单中的内容，提取每条内容中的隐患和隐患间耦合关系。

可以看出，图 2-4 中的空间节点基本涵盖了尾矿库系统的所有隐患。当多个证据为同一个隐患提供支撑时，在图 2-4 表现为 2 个不同的节点。这 2 个隐患节点需要经过整合才可以放入隐患清单中成为最后的尾矿库溃坝隐患。

2.2 溃坝隐患清单

2.2.1 管理缺陷隐患清单

导致尾矿库溃坝的管理缺陷主要涉及不符合"三同时"制度、安全生产责任制不健全、安全资金投入不足等。本节共辨识出管理缺陷隐患 14 种，建立的隐患清单见表 2-6。表格最左侧的 1、2、3 等阿拉伯数字表示隐患序号，依次代表不同隐患。表格最右侧的 e1-1 等组合表示证据编码，例如证据 e1-1 即为附录中 e1 类证据序号为 1 的证据。

表 2-6 管理缺陷隐患清单

序号	隐患名称	证　据
1	设计单位无资质	e1-2、10，e2-9、11、12，e3-11、13，e4-4
2	施工单位无资质	e1-2、6、10，e2-11，e3-11、13
3	未按设计或规范要求施工	e1-2、3、6，e2-4、9，e3-2、6、9、10、11，e4-3
4	施工方案、计划不合理	e1-3、6，e5-1、4
5	施工中任意变更设计参数	e1-6，e5-1、4
6	冬季施工未采取有效措施	e1-6、13、14，e5-2
7	不符合"三同时"制度	e1-12，e2-8
8	安全生产责任制不健全	e1-2、3、9、12，e2-12，e3-9、10
9	安全生产规章制度、操作规程不完善	e1-2、3、9、12，e3-9、10
10	未按国家规定配备专职安全生产管理人员、专业技术人员和特种作业人员	e1-1、2、9、12，e2-10，e3-9、10
11	安全生产教育培训不到位	e1-2、9、12，e2-10、12，e3-9、10
12	安全资金投入不足	e1-2、9、12，e3-7、9、10，e5-6
13	未按规定对尾矿坝进行全面的安全性复核	e1-1、2、3、9、10、12、14，e2-1
14	事故隐患排查治理不到位	e1-2、3、9、12，e2-1、3、7、14，e3-1、2、5、6、7、9、11

2.2.2　人的不安全行为隐患清单

人的不安全行为是事故的主要来源，也是导致事故的关键环节。Heinrich 将事故致因比作多米诺骨牌，认为人的不安全行为是导致骨牌倾倒即事故发生的主要原因。在本节中，导致溃坝的人的不安全行为隐患，包括安全意识不佳、操作失误、违章操作等。本节共辨识出人的不安全行为隐患 18 种，建立的隐患清单见表 2-7。

表 2-7　人的不安全行为隐患清单

序号	隐患名称	证　据
15	安全意识不足	e1-10, e2-7、12, e3-6、9、10、11
16	专业知识技能欠缺	e1-10, e2-7、12, e3-6、9、10
17	安全行为习惯不佳	e1-8、10, e2-12, e3-6、9、10
18	选址不当	e1-2、3、5、14, e3-3、7, e4-2、4
19	坝型选择不当	e1-3、5, e3-5、8, e4-3、4
20	设计未对不良地质体采取可靠治理措施	e1-3、14, e2-3, e3-3, e4-3
21	坝体结构尺寸设计不佳	e1-3、5, e3-3, e4-4
22	反滤层设计不佳	e3-11, e5-2、4
23	未进行渗流计算	e1-3、5, e5-1、3
24	未进行抗滑稳定性计算	e1-3、5, e3-7
25	未设置排洪设施	e1-3、5, e4-2、4
26	防洪标准等级选择偏低	e1-3、5、8, e3-11, e4-3
27	洪水计算不准确	e1-3、5, e4-3
28	调洪计算不准确	e1-3、5
29	排洪设施形式、尺寸、强度等设计不当	e1-3、5、14, e2-1, e3-11, e4-3
30	排渗设施形式、尺寸、强度等设计不佳	e1-14, e3-10、11
31	未设置监测系统	e1-3、4、5、12
32	监测项目设置不足	e1-3、4、5

2.2.3　物的不安全状态隐患清单

参考《企业职工伤亡事故分类》中对物的不安全状态的分类，将从坝体、放矿、排洪、排渗、监测等尾矿库单元进行物的不安全状态隐患辨识，同时包括对生产环境不良因素的辨识，譬如超标准洪水、地震、融雪等。

　　本节共辨识出物的不安全状态隐患共 84 种，其中，建设期 11 种，运行期 73 种，建立的隐患清单见表 2-8。

表 2-8　物的不安全状态隐患清单

序号	隐患名称	证据
		建设期
33	坝基清理不彻底或处理不当	e1-3、6、9、11，e3-8
34	坝基开挖后防护不到位	e1-6，e3-9，e5-6
35	坝基未设置有效滤层	e3-8、9，e5-6
36	岩基强风化层及破碎带未处理	e1-6，e3-9
37	坝基集中渗漏	e1-7、11、14，e3-8、12
38	反滤层施工质量不佳	e1-6，e3-10
39	反滤层级配或厚度未达到要求	e1-6，e3-10
40	初期坝施工质量不佳	e1-6，e3-3、11
41	初期坝筑坝材料不佳	e1-6
42	排洪系统施工质量不佳	e1-6、14，e3-10、11
43	排渗设施施工质量不佳	e1-6、9、14，e3-10
		运行期
44	坝体基础不均匀沉降	e1-8，e2-14，e3-8、9、11
45	反滤层能力降低或失效	e1-11，e3-9、11、13
46	子坝堆筑质量不佳	e1-6、9、14，e2-1、13，e3-11
47	尾矿颗粒级配不均匀	e1-6，e2-12、14，e3-5、8、11
48	坝体碾压、夯实不佳	e1-6、13、14，e2-14，e3-9
49	坝体填筑混入冰雪等其他杂物	e1-6、13，e2-14，e3-9
50	坝体存在软弱夹层	e1-14，e5-2
51	坝面未设置排水沟	e1-3、9、11
52	坝肩未设置截洪沟	e1-3、9、11
53	坝面维护设施设置不当	e1-3、6、8、9、10、11，e4-3
54	坝坡过陡	e1-1、3、8、9、10、14，e2-1、3、9、11、14，e3-5、8、11
55	堆积坝上升率大于设计堆积上升速率	e1-1、3、10、14，e2-12，e3-6、8、9，e4-1、3
56	每级子坝高度堆筑过高	e3-5、9、12，e5-5
57	坝体超过设计坝高或超设计库容存储尾矿	e1-1、3、10、14，e2-8、9、10、11、12，e4-1、4

序号	隐患名称	证据
58	坝体存在漏矿通道	e3-12、13
59	坝体集中渗漏	e1-7、8，e2-2、6、10，e3-8、12
60	坝体渗透性不佳	e2-2、6、8、10、12、13、14，e3-5、6、7、8
61	坝体出现贯穿性裂缝、坍塌、滑动迹象	e1-1、2、3、7、8、9、10、11、14，e3-5、12
62	坝体出现严重的管涌、流土变形等现象	e1-1、2、3、7、9、11、14，e2-13，e3-9
63	坝体出现大面积纵向裂缝，且出现较大范围渗透水高位出逸或者大面积沼泽化	e1-1、7
64	坝体抗滑稳定性不佳	e1-1、3、12，e2-12，e3-3、5、12
65	放矿不合理	e1-3、10、14，e3-8、11，e4-3
66	放矿支管流速过快	e1-14，e3-9、10
67	放矿管破损未及时发现或更换	e1-14，e3-9、10
68	未按设计于库前均匀放矿	e1-3、9、10、13、14，e3-9、10
69	多种矿石性质不同的尾砂混排时，未按设计要求进行排放	e1-1、10、14，e3-9、10
70	长期独头放矿	e1-14，e3-9、10
71	放矿支管开启太少	e3-10
72	冬季未按照设计要求采用冰下放矿作业	e1-1、3、10、14，e3-9
73	尾矿浆及库内存水运动	e1-3、9、10、13、14，e3-10、11
74	干滩坡度过缓	e1-8，e3-10、11
75	库水位过高	e1-2、7、8、9、11、14，e2-1、8、12、13，e3-3、5
76	安全超高或干滩长度不足	e1-1、3、7、8、9、10、11、12、14，e2-8，e3-5、11，e4-3
77	浸润线埋深小于控制浸润线埋深	e1-1、3、7、8、9、10、11、12、14，e2-1、6、8、14，e3-5、8、11
78	滩顶高程不一	e1-8、9，e3-11，e5-3
79	库区违规蓄水	e2-8、12
80	调洪库容不足	e1-3、12、14
81	排洪设施能力不足或失效	e1-3、8、9、10、11、12，e2-2，e3-3、5、11，e4-2、3
82	防洪标准低于现行标准	e1-3、9，e2-7

序号	隐患名称	证据
83	未经技术论证，子坝拦洪	e1-10，e2-13，e3-9
84	排洪设施平面位置、标高、数量、形式、尺寸、强度不满足设计	e1-1、3、8、14，e2-7，e3-9
85	排洪设施结构破坏	e1-1、2、3、7、8、9、10、11、12、14，e3-3、9、11
86	排洪设施堵塞	e1-1、2、3、7、8、10、11、12、14，e3-3、11
87	进水口杂物淤积	e3、11，e5-1、3、4
88	排洪设施停用后封堵不善	e1-1、3、9、10
89	排渗设施能力不足或失效	e1-8、9、10、11，e3-5、11
90	排渗设施位置、标高、数量、形式、尺寸、强度等与设计不符	e1-8，e3-9
91	排渗设施结构破坏	e1-8、10、11，e3-9
92	排渗设施淤堵	e1-8，e3-9
93	辐射井内部分集渗管和虹吸外排水管结垢严重	e3-9，e5-2
94	土工布表面尾砂沉积	e3-9，e5-2
95	监测系统未有效覆盖整个库区	e1-4、13
96	关闭、破坏安全监测系统，或者篡改、隐瞒、销毁其相关数据、信息	e1-1、4
97	安全监测系统运行不正常未及时修复	e1-1、3、4、13
98	未按设计设置安全监测系统	e1-1、3、4、9
99	监测系统缺陷	e1-3、4、9、13，e3-6、11
100	设计以外的尾矿、废料或者废水进库	e1-1、3、8、9、10
101	库区或坝上存在未按设计进行的开采、挖掘、爆破等危及尾矿库安全的活动	e1-1、2、3、8、9、10、11、14，e3-5、8
102	地震	e1-14，e2-5，e3-3、5、6、7、8、11，e4-1、2
103	遭遇超标准洪水	e1-14，e3-6，e4-2
104	暴雨	e1-11、14，e2-4、7，e3-1、5、6、7、11，e4-1、2
105	风浪远超设计风浪标准	e3-6、7、9
106	融雪	e2-4，e3-1、3、6、9，e4-1

续表 2-8

序号	隐患名称	证据
107	风化	e3-9、11
108	严寒冰冻	e3-6、9
109	坝基不良地质体	e1-3、14，e2-3，e3-1、3、8
110	库周山体滑坡泥石流	e1-3、8、9、10、11、14，e3-3、8
111	动物危害	e1-14，e3-10
112	滑坡	e1-14，e3-1、2、5
113	漫顶	e1-11、14，e3-1、2、5，e4-1
114	渗流	e1-14，e3-1、2、5，e4-1
115	地震液化	e2-5，e3-1、5，e4-1
116	溃坝	e1-2、3，e2-1~14，e3-1~13，e4-1~4

2.3　基于 AISM-MICMAC 模型的溃坝隐患演化关系分析

在溃坝隐患清单建立后，需对隐患间关系进行分析。将 AISM 模型与 MICMAC 模型结合，建立基于 AISM-MICMAC 模型的隐患演化关系分析方法，对溃坝隐患进行级次递阶结构及驱动力、依赖度等演化关系强度进行分析，分析隐患间的演化关系，为下一步的风险表征与预控等研究奠定基础。基于 AISM-MICMAC 模型的溃坝隐患演化关系分析方法如图 2-5 所示，2 个模型间呈递进关系。

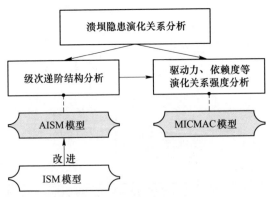

图 2-5　基于 AISM-MICMAC 模型的溃坝隐患演化关系分析方法

2.3.1 溃坝隐患 AISM 模型分析

ISM 模型最早应用于复杂社会经济系统，该模型特别适用于变量众多、关系复杂、结构混淆的系统研究。因此，一些学者将 ISM 模型用于尾矿库溃坝影响因素分析，其主要流程如图 2-6 所示。

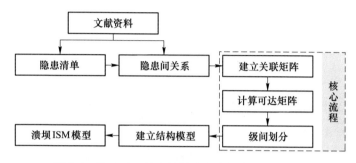

图 2-6　基于 ISM 模型的尾矿库溃坝隐患分析流程

肖容等运用改进的 ISM 模型构建了 5 级递阶结构模型，体现了尾矿库事故影响因素间的相互作用。陈虎等筛选出导致尾矿库溃坝的 16 个因素，建立了尾矿库溃坝的 4 级 ISM 模型，厘清了溃坝影响因素间的层级隶属关系。C. Chen 也采用 ISM 模型分析尾矿库溃坝隐患间的耦合关系，基于证据，辨识出 16 种溃坝隐患及其耦合关系，进而通过关联矩阵、可达矩阵、级间划分等关键运算，得到了 7 级尾矿库溃坝 ISM 模型。上述研究成果表明，ISM 模型能够用于分析尾矿库溃坝隐患间关系，且取得了较好的效果，为尾矿库风险预控提供了参考意义。但 ISM 模型只采取了一种结果优先的级间要素抽取方式，而未考虑原因优先的抽取方式。

针对这一不足，基于 ISM 模型结果优先的抽取规则，融入博弈对抗（Adversarial）思想，加入与之对立的原因优先抽取规则，从而构建一组具有对抗性质的多级递阶有向拓扑图，即 AISM 模型。AISM 模型能够在不损失系统功能的前提下，通过相反的抽取规则，得到一对最简化的多级递阶有向拓扑图，能够更为准确地反映隐患所属级次，展现隐患间演化关系。

尾矿库溃坝事故涉及隐患数量较多，且部分隐患难以直接量化；隐患间存在相互作用、相互影响的关系，因此本书运用 AISM 模型分析溃坝隐患间演化关系。基于 AISM 的隐患分析与 ISM 类似，综合运用邻接矩阵、可达矩阵、一般性骨架矩阵等知识原理，分别采用结果优先、原因优先的抽取规则，绘制一组具有对抗性质的多级递阶有向拓扑图，溃坝隐患 AISM 模型构建流程如图 2-7 所示。

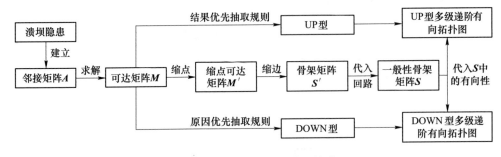

图 2-7　溃坝隐患 AISM 模型构建

（1）建立溃坝隐患邻接矩阵 $\boldsymbol{A}$。溃坝隐患邻接矩阵 $\boldsymbol{A}$ 是表示隐患间两两关系的矩阵。若 $\boldsymbol{A} = (a_{ij})_{n \times n}$，则元素 a_{ij} 可定义为：

$$a_{ij} = \begin{cases} 1 & H_i \text{ 对 } H_j \text{ 有影响} & i \neq j \\ 0 & H_i \text{ 对 } H_j \text{ 无影响} & i \neq j \end{cases} \tag{2-1}$$

通过案例分析、专家咨询、文献调研等手段，建立溃坝隐患邻接矩阵 $\boldsymbol{A}$（由于矩阵 $\boldsymbol{A}$ 为 116 阶方阵，考虑篇幅原因不作详细说明），说明两两隐患间关系。

$$\boldsymbol{A} = (a_{ij})_{116 \times 116} \tag{2-2}$$

（2）生成隐患间的可达矩阵 $\boldsymbol{M}$。可达矩阵表示从一个隐患到另一个隐患是否存在连接路径。可运用布尔代数运算规则，将邻接矩阵 $\boldsymbol{A}$ 和单位矩阵 $\boldsymbol{I}_0$ 经过一定演算后求得：

$$\boldsymbol{M} = (m_{ij})_{n \times n} = (\boldsymbol{A} + \boldsymbol{I}_0)^n = \boldsymbol{I}_0 + \boldsymbol{A} + \boldsymbol{A}^2 + \cdots + \boldsymbol{A}^n \tag{2-3}$$

式中，n 可通过下式获取：

$$(\boldsymbol{A} + \boldsymbol{I}_0) \neq (\boldsymbol{A} + \boldsymbol{I}_0)^2 \neq (\boldsymbol{A} + \boldsymbol{I}_0)^3 \neq \cdots \neq (\boldsymbol{A} + \boldsymbol{I}_0)^{n-1}$$
$$\neq (\boldsymbol{A} + \boldsymbol{I}_0)^n = (\boldsymbol{A} + \boldsymbol{I}_0)^{n+1} = \boldsymbol{M} \tag{2-4}$$

结合式（2-2），采用 MATLAB 对 $(\boldsymbol{A} + \boldsymbol{I}_0)$ 经过若干次布尔运算，可得到溃坝隐患的可达矩阵 $\boldsymbol{M}$：

$$(\boldsymbol{A} + \boldsymbol{I}_0)^4 \neq (\boldsymbol{A} + \boldsymbol{I}_0)^5 = (\boldsymbol{A} + \boldsymbol{I}_0)^6 = \boldsymbol{M} \tag{2-5}$$

$$\boldsymbol{M} = (m_{ij})_{116 \times 116} \tag{2-6}$$

（3）级间划分。级间划分是在获取可达矩阵之后的主要步骤，以可达矩阵 $\boldsymbol{M}$ 为基准，将溃坝隐患划分为不同级次，明确隐患间级次结构。涉及的 3 个主要概念如下：

1）可达集 $\boldsymbol{R}(H_i)$：隐患 H_i 可以到达的全部隐患集合。

$$\mathbf{R}(H_i) = \{H_i \in \mathbf{N} \mid m_{ij} = 1\} \tag{2-7}$$

式中 $\mathbf{R}(H_i)$ ——可达矩阵 $\mathbf{M}$ 中第 i 行值为 1 的列要素构成的集合；

  $\mathbf{N}$ ——所有节点的集合；

  m_{ij} ——节点 i 到节点 j 的关联可达值，$m_{ij} = 1$ 表示 i 关联 j。

2）前因集 $\mathbf{A}(H_i)$：可到达隐患 H_i 的全部隐患集合。

$$\mathbf{A}(H_i) = \{H_i \in \mathbf{N} \mid m_{ij} = 1\} \tag{2-8}$$

式中，$\mathbf{A}(H_i)$ 由可达矩阵 $\mathbf{R}$ 中第 i 列值为 1 的行要素构成的集合。

3）共同集 $\mathbf{T}(H_i)$：一个多级递阶结构的最高级次隐患集合。

$$\mathbf{T}(H_i) = \{H_i \in \mathbf{N} \mid \mathbf{R}(H_i) \cap \mathbf{A}(H_i)\} \tag{2-9}$$

对于 AISM 模型，其级间划分规则包括结果优先的 UP 型和原因优先的 DOWN 型两种：

UP 型：对于结果优先的级间划分，其抽取规则为 $\mathbf{T}(H_i) = \mathbf{R}(H_i)$。可依据该规则，抽取出多级结构的最高级次隐患集合，划去可达矩阵中对应的行和列。接着，从"新"的可达矩阵中抽取新的最高级次隐患。每次抽取出的隐患放置在上方，依次类推，按照自上而下的顺序放置抽取出的隐患集合。

DOWN 型：对于原因优先的级间划分，其抽取规则为 $\mathbf{T}(H_i) = \mathbf{A}(H_i)$。与 UP 型相反，每次抽取出来的隐患放置在下方，依次类推，按照自下而上的顺序放置抽取出的隐患集合。

根据生成的隐患可达矩阵 $\mathbf{M}$（式（2-6））进行级间划分，级间划分过程可参考 C. Chen 于 2022 年发表的相关成果。最终得到的溃坝隐患对抗级间抽取结果见表 2-9。在表 2-9 中，各隐患以表 2-6~表 2-8 中最左侧序号形式表示。

表 2-9　溃坝隐患对抗级间抽取结果

级次	以结果为导向的 UP 型	以原因为导向的 DOWN 型
L1	116	116
L2	112, 113, 114, 115	112, 114, 115
L3	64, 82	64
L4	62, 63, 99	62, 63, 113
L5	31, 32, 37, 59, 60, 77, 95, 96, 97, 98	60, 77
L6	19, 41, 45, 58, 76, 89	76
L7	30, 39, 46, 61, 80, 91, 92	80

级次	以结果为导向的 UP 型	以原因为导向的 DOWN 型
L8	22, 38, 40, 50, 55, 57, 74, 75, 78, 90, 93, 94, 107	59, 75, 82
L9	23, 43, 47, 48, 49, 54, 56, 73, 79, 81, 100	37, 58, 81, 89
L10	21, 29, 53, 65, 83, 85, 86, 105, 106	45, 61, 78, 85, 91
L11	24, 26, 27, 28, 44, 51, 52, 66, 67, 68, 69, 70, 71, 72, 84, 87, 88, 108, 111	44, 46, 57, 73, 86
L12	14, 25, 33, 42, 103, 109, 110	33, 39, 50, 53, 54, 74, 84, 88, 90, 99
L13	13, 18, 20, 34, 35, 36, 101, 102, 104	34, 35, 36, 38, 40, 41, 42, 43, 47, 48, 49, 51, 52, 65, 95, 98
L14	1, 3	3, 55, 56, 66, 67, 68, 69, 70, 71, 72, 87, 92, 96, 97
L15	4, 5, 6	4, 5, 6, 14
L16	2, 15, 16, 17	13, 15, 16, 17
L17	10, 11	10, 11, 21, 22, 29, 30, 83, 109
L18	12	12, 18, 19, 20, 23, 24, 25, 26, 27, 28, 31, 32, 79, 110
L19	7, 8, 9	1, 2, 7, 8, 9, 93, 94, 100, 101, 102, 103, 104, 105, 106, 107, 108, 111

（4）求解一般性骨架矩阵 S。将可达矩阵 M 中的回路当作一个点，即为可达矩阵的缩点。缩点后得到缩点可达矩阵 M'，再进行缩边运算，其本质是删除可达矩阵中的重复路径，获得骨架矩阵 S'：

$$S' = M' - I_0 - (M' - I_0)^2 \tag{2-10}$$

进而将回路要素代入 S'，即可得到表示溃坝隐患间最简演化关系的一般性骨架矩阵 S：

$$S = (s_{ij})_{116 \times 116} \tag{2-11}$$

（5）建立溃坝隐患 AISM 模型。根据各隐患间的关联性与抽取结果，分别绘制 UP 型、DOWN 型多级递阶有向拓扑图，如图 2-8 所示，采用有向线段表示尾矿库溃坝隐患的可达性关系。其中左侧为以结果为导向的 UP 型多级递阶有向拓扑图（见图 2-8（a_1）~（a_3）），右侧为以原因为导向的 DOWN 型多级递阶有向拓扑图（见图 2-8（b_1）~（b_3））。

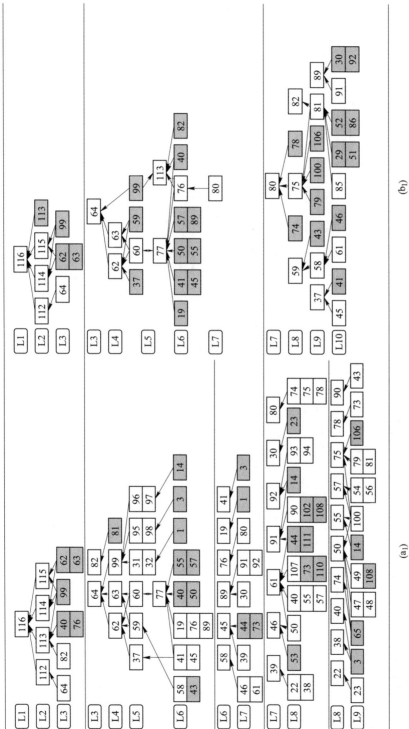

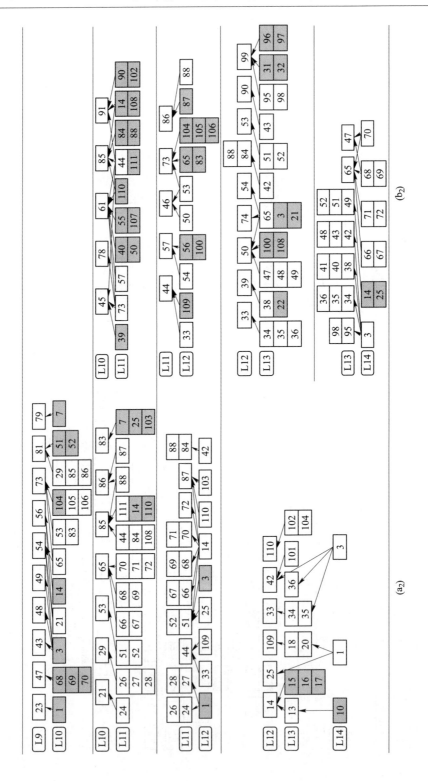

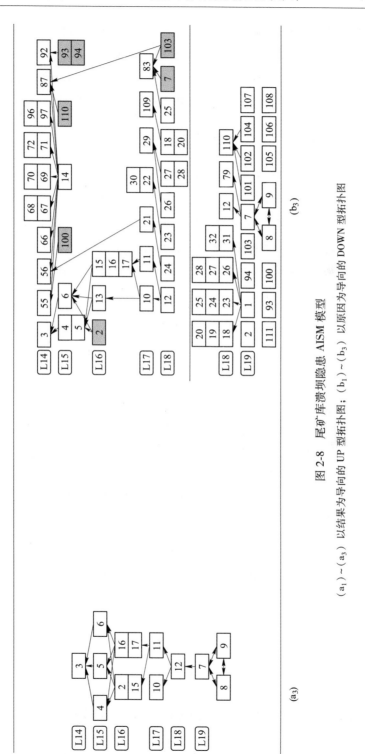

图 2-8 尾矿库溃坝隐患 AISM 模型

(a₁)~(a₃) 以结果为导向的 UP 型拓扑图；(b₁)~(b₃) 以原因为导向的 DOWN 型拓扑图

在图 2-8 中，最左侧 L1～L19 表示隐患所属级次，白方框表示属于当前级次的隐患，灰色方框表示非当前级次的隐患。叠摞在一起的方框表示当前隐患在系统中的因果关系一致，例如隐患 62、63 叠在一起，箭头指向 114、115，表明隐患 62 可以导致隐患 114、115，同样地，隐患 63 也可以导致隐患 114、115。

2.3.2　溃坝隐患 MICMAC 模型分析

MICMAC 模型分析能够用来甄别溃坝中具有较高驱动力和依赖度的隐患，有助于识别关键隐患，探究问题本质，提出具有针对性的风险预控措施。其中，驱动力值 D_{ri} 表示某隐患对其他隐患的影响程度，依赖度值 D_{ei} 则表示某隐患受其他隐患的影响程度。根据具体隐患的驱动力值、依赖度值，可绘制驱动力值-依赖度值关系图。该关系图中包含 4 个象限类别，即自主象限、依赖象限、联动象限和独立象限，见表 2-10。

表 2-10　MICMAC 模型 4 个象限类别的解释说明

象限	驱动力	依赖度	解释说明
自主象限	较低	较低	位于该象限的因素一般处于多级递阶结构模型的中间层，关联各影响因素，起到承上启下的作用
独立象限	较高	较低	位于该象限的因素属于驱动因素，受其他因素影响较小，一般处于模型的底层，无法进行间接控制
依赖象限	较低	较高	位于该象限的因素较难影响其他因素，一般处于模型的上层。可通过加强对自主因素的控制解决该类因素
联动象限	较高	较高	位于该象限的因素稳定性差，不易控制

根据 2.3.1 节中 AISM 模型中得到的可达矩阵 M（式（2-6）），分别计算各隐患的驱动力值 D_{ri} 和依赖度值 D_{ei}，其表达式分别为：

$$D_{ri} = \sum_{i=1}^{n} m_{ij} \tag{2-12}$$

$$D_{ei} = \sum_{j=1}^{n} m_{ij} \tag{2-13}$$

根据各隐患的驱动力值 D_{ri} 和依赖度值 D_{ei}，其驱动力值-依赖度值关系如图 2-9 所示。

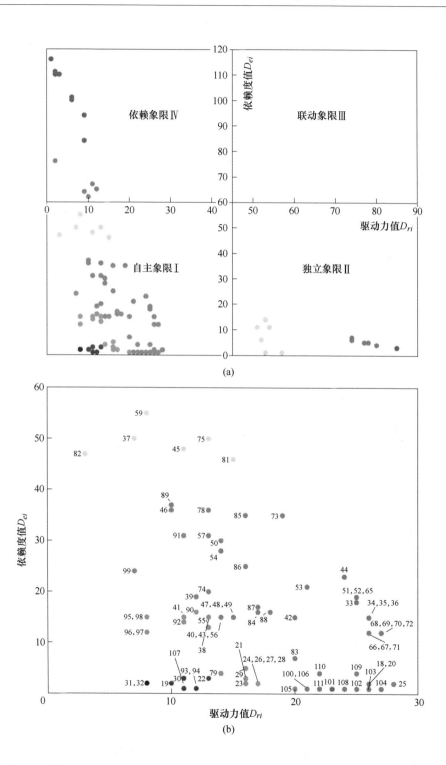

(a)

(b)

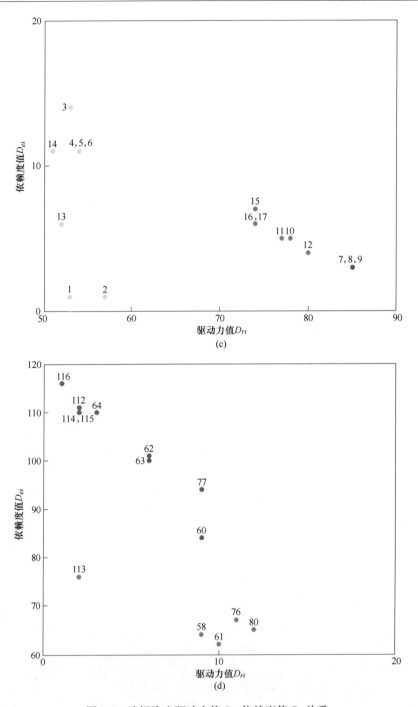

图 2-9　溃坝隐患驱动力值 D_{ri}-依赖度值 D_{ei} 关系

（a）溃坝隐患 MICMAC 模型分析；（b）溃坝隐患 MICMAC 模型分析-自主象限Ⅰ

（c）溃坝隐患 MICMAC 模型分析-独立象限Ⅱ；（d）溃坝隐患 MICMAC 模型分析-依赖象限Ⅳ

（1）自主象限 I。如图 2-9（b）所示，位于该象限的隐患最多，共计 85 个。该类隐患具有一定的驱动力和依赖度，在溃坝事故中相互关联起到承上启下的作用，演化关系强度较大，应优先排除、治理此类隐患，提高尾矿库的安全稳定。

以排洪系统相关隐患为例进行说明。排洪能力不足（隐患 81）的驱动力值为 3，依赖度值为 47，在 UP 型、DOWN 型拓扑图中均置于 L9。排洪构筑物设计不当（隐患 29），坝面未设置排水沟（隐患 51），坝肩未设置截洪沟（隐患 52），排洪构筑物结构破坏（隐患 85）、堵塞（隐患 86）等均会导致隐患 81，而隐患 81 会造成库水位过高（隐患 75）、现状防洪标准不足（隐患 82），甚至会进一步导致洪水漫过坝体引发溃坝等事故。

《金属非金属矿山重大事故隐患判定标准》中对排洪系统存在重大隐患的情形也做出了说明，涉及排洪构筑物平面位置、标高、数量、型式等不满足设计（隐患 84）、隐患 85、隐患 86、排洪设施停用后封堵不善（隐患 88）等。

对于隐患 51、隐患 52，其驱动力值和依赖度值均分别为 25 和 19，且均在 L11 和 L13 之间跃迁。《尾矿库安全规程》6.9.1 条中指出，若存在隐患 51 或 52，导致尾矿库受到雨水冲刷，形成较多或较大冲沟的，尾矿库企业应在限定时间内进行整治，消除事故隐患。

（2）独立象限 II。如图 2-9（c）所示，位于该象限的隐患共计 17 个。这 17 个隐患均属于人的不安全行为隐患，基本置于 AISM 模型的较低级次。此类隐患驱动力较高，是导致溃坝事故的主要原因，无法通过治理其他隐患消除其影响，因此应改善人的不安全行为，提高尾矿库的风险管理水平，进而最大程度上保证物的安全状态，降低尾矿库溃坝风险。

以安全生产教育培训不到位（隐患 11）为例，该隐患驱动力值、依赖度值分别为 77、5，驱动力值远大于依赖度值。该隐患可能导致尾矿库相关人员安全意识不足（隐患 15）、专业知识技能欠缺（隐患 16）、安全行为习惯不佳（隐患 17）。隐患 15 涉及各岗位员工安全法律意识、安全责任意识和安全行为意向等不佳，容易造成违反安全操作规程、违法违章作业。隐患 16、17 涵盖一线员工的岗位安全技能、各类安全知识和操作能力不足，譬如对安全操作规程、岗位职责、岗位隐患等内容的了解掌握程度不佳。

（3）依赖象限 IV。如图 2-9（d）所示，位于该象限的隐患共计 14 个。这 14 个隐患基本置于 AISM 模型的较高级次，是导致尾矿库溃坝事故的直接原因，譬如漫顶（隐患 113）、渗流（隐患 114）等，较难影响到其他隐患，可通过对自主隐患、独立隐患的排查、治理，解决该象限的尾矿库隐患。

坝体出现贯穿性裂缝、坍塌、滑动迹象（隐患 61）的驱动力值和依赖度值分别为 10 和 62，在 UP 型中置于 L7，在 DOWN 型中置于 L10。坝体出现严重管涌、流土变形等现象（隐患 62）、坝体出现大面积纵向裂缝，且出现较大范围渗透水高位出逸或大面积沼泽化（隐患 63）的驱动力值均为 6，依赖度值分别为 101、100，均位于 L4 级，对其他隐患具有很高的依赖性。

《尾矿库安全规程》6.9.2 条中指出，存在隐患 63 时，应立即停产，制定并实施重大事故隐患治理方案，消除事故隐患；6.9.3 条中指出，存在隐患 61 或隐患 62 时，应立即停产，启动应急预案，进行抢险。

浸润线埋深小于控制浸润线埋深（隐患 77）的驱动力值和依赖度值分别为 9、94，置于 L5 级。浸润线埋深与尾矿库稳定性关系密切，是尾矿库的生命线，若控制不当，导致坝体出现管涌、流土、浸润线出逸、大面积沼泽化等，进而导致溃坝事故。《尾矿库安全规程》6.9.2 条中指出，存在隐患 77 时，应立即停产，制定并实施重大事故隐患治理方案，消除事故隐患。

安全超高或干滩长度不足（隐患 76）的驱动力值和依赖度值分别为 11、67，置于 L6 级。该隐患不仅可能导致漫顶（隐患 113），也会导致浸润线埋深不足（隐患 77），进而造成渗流（隐患 114）等事故。《尾矿库安全规程》6.9 条中也对隐患 76 的具体情况给出了针对性的措施。

（4）联动象限Ⅲ。该象限不包含任何隐患，说明选取的隐患稳定性较好，都处于直接或间接可控范围。不存在受其他隐患影响很大且对系统产生巨大影响的隐患，即不会因单一隐患而导致溃坝事故，这也与诸多溃坝事故的历史案例相吻合。

2.4 本章小结

本章开展了尾矿库溃坝隐患辨识及演化关系分析的研究。

通过收集、评估、整合政策文件、事故报告、科技文献、媒体网站、经验判断等证据，建立了包括 51 条证据的证据库。基于此，共挖掘、整理、辨识出溃坝隐患 116 种，其中管理缺陷隐患 14 种，人的不安全行为隐患 18 种，物的不安全状态隐患 84 种。

进而运用 AISM 模型对这 116 种溃坝隐患的演化关系进行了分析。通过建立邻接矩阵、生成可达矩阵与一般性骨架矩阵、级间划分等主要步骤，建立了一组"以结果为导向的 UP 型"和"以原因为导向的 DOWN 型"19 级递阶有向拓扑图，分析了隐患间演化关系。

基于 MICMAC 模型分析，结合 AISM 模型中的可达矩阵，绘制了隐患的驱动力值-依赖度值关系图，对隐患间关系进行了量化及可视化。其中，位于自主象限的隐患数量最多，共计 85 个，该类隐患具有一定的驱动力和依赖度，在溃坝事故中相互关联起到承上启下的作用，演化关系强度较大，应优先排除、治理此类隐患，提高尾矿库的安全稳定。位于独立象限的隐患数量次之，共计 17 个。此类隐患驱动力较高，是导致溃坝事故的主要原因，无法通过治理其他隐患消除其影响，因此应改善人的不安全行为，提高尾矿库的风险管理水平。位于依赖象限的隐患数量最少，共计 14 个，是导致尾矿库溃坝事故的直接原因，较难影响到其他隐患，可通过对自主隐患、独立隐患的排查、治理，解决该象限的尾矿库隐患。

3   尾矿库溃坝风险表征

传统二维风险矩阵只考虑事故可能性和事故后果，而在尾矿库溃坝事故中，地理位置、地形地质条件、下游条件等外界环境差异将导致溃坝事故的能量释放大小和负面影响程度呈现明显差异。故本章将事故后果维度细化为事件强度（能量释放大小）和承灾体暴露度（负面影响程度）两个维度，构建三维风险矩阵模型对尾矿库溃坝风险进行准定量化评价。

针对不同风险表征维度的多分类预测需求（可能性）和回归预测需求（事件强度），运用不同的智能算法对 SVM 模型进行优化，改善模型性能。对于可能性维度，运用 SSA 优化 SVM 建立可能性等级预测模型，实现可能性等级的划分。对于事件强度维度，运用 GWO 优化 SVR 建立尾砂下泄量回归预测模型，结合尾砂最大下泄距离，实现事件强度等级的划分。对于暴露度这一维度，针对不同类别的承灾体，构建相应的暴露分级模型，通过综合因子加权和法计算暴露指数，根据其分布划分承灾体暴露等级。

3.1   溃坝可能性

鉴于 SVM 模型在多分类预测方面的优势，将基于此建立溃坝可能性等级预测模型。并采用 SSA 智能算法对 SVM 模型中的两个关键参数进行优化，建立基于 SSA-SVM 的溃坝可能性等级预测模型，对溃坝可能性等级进行划分。本书建立的 SSA-SVM 溃坝可能性等级预测模型，具有以下优势：

（1）能够有效处理小样本的多分类问题。SVM 是基于统计学理论的分类方法，能够解决尾矿库溃坝可能性预测面临的样本数较少的问题。

（2）具有较好的泛化能力。SVM 的理论核心为结构风险最小化原则，该原则不仅能够有效控制模型误差，而且能够较好地预测未知数据，使其具备了较好的泛化能力。

（3）能够避免"维灾"问题。SVM 多分类模型是将输入的非线性样本从低维特征空间映射到高维特征空间中，实现最优超平面分类的目的，有效避免了在面临高维空间数据时的"维灾"问题。

（4）单一的 SVM 模型全局搜索能力欠佳，易陷入局部最优，不能充分反馈信息，而 SSA 智能算法具有搜索精度高且收敛速度快，全局搜索能力强等优势，运用 SSA 对 SVM 进行优化，能够有效提高模型性能。

3.1.1 溃坝可能性数据库

在本书中，用于研究溃坝可能性的尾矿库数据库由 302 个尾矿库样本构成，这些样本主要来源于已公开发表的科技文献（88 条）、各省市县区应急管理部门统计资料（96 条）、尾矿库相关技术及管理报告（32 条）、尾矿库相关企业提供的文件资料（86 条）等，并在使用过程中对其进行数据的补充、修正等完善工作。数据库中尾矿库样本的溃坝可能性等级分布如图 3-1 所示。

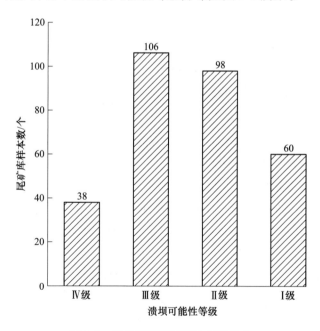

图 3-1 尾矿库溃坝可能性等级分布

参考国家标准《尾矿库安全规程》、矿山安全监察局印发的《金属非金属矿山重大事故隐患判定标准》及尾矿库溃坝隐患研究成果，结合第 2 章中的隐患辨识及分析结果，选取 22 个隐患作为预测模型的输入参数，记为 $\mathbf{X}_i$。参考国家标准《尾矿库安全规程》，确定了尾矿库溃坝可能性等级，即预测模型的输出标签，记为 Y_i，$Y_i = \{1, 2, 3, 4\}$，分别表示溃坝可能性低，可能性一般，可能性较大，可能性很大，对应的可能性等级依次为Ⅳ级、Ⅲ级、Ⅱ级、Ⅰ级。

对于预测模型的 22 个输入参数，参考孙轶轩等的研究成果对其进行变量"合成"，降低输入参数维度，以进一步提高模型的预测准确性和稳定性。其 22 个输入参数具体说明如下：

（1）库区或尾矿坝上存在未按设计方案进行开采、挖掘、爆破等危及尾矿库安全的活动 X_1。

$$X_1 = \{0,1,2\} \tag{3-1}$$

式中　0——库区及坝上不存在危及尾矿库安全的活动；

　　　1——库区及坝上偶尔出现危及尾矿库安全的活动；

　　　2——库区及坝上频繁出现危及尾矿库安全的活动。

（2）设计以外尾矿、废料或废水进库 X_2。

$$X_2 = \{0,1,2\} \tag{3-2}$$

式中　0——不存在设计外废弃物进库；

　　　1——少量设计外废弃物偶尔进库；

　　　2——大量设计外废弃物频繁进库。

（3）未按设计要求均匀放矿 X_3。

$$X_3 = \{0,1\} \tag{3-3}$$

式中　0——按设计要求均匀分散放矿；

　　　1——未按设计要求均匀放矿。

（4）多种矿石性质不同的尾砂混合排放时，未按设计要求进行排放 X_4。

$$X_4 = \{0,1\} \tag{3-4}$$

式中　0——按设计要求放矿；

　　　1——未按设计要求放矿。

（5）冬季未按设计要求采用冰下放矿 X_5。

$$X_5 = \{0,1\} \tag{3-5}$$

式中　0——冬季按设计要求采用冰下放矿；

　　　1——冬季未按设计要求采用冰下放矿。

（6）坝体高度超过设计总坝高，或超设计库容贮存尾砂 X_6。

$$X_6 = \{0,1\} \tag{3-6}$$

式中　0——坝体高度、库容均未超过设计值；

1——坝体高度或库容超过设计值。

（7）尾矿堆积坝上升速率大于设计堆积上升速率 X_7。

$$X_7 = \{0,1\} \tag{3-7}$$

式中 0——按设计进行子坝堆筑，堆筑速率符合设计要求；

1——子坝堆筑速率大于设计值，堆筑过快。

（8）坝外坡坡比陡于设计坡比 X_8。

$$X_8 = \{0,1\} \tag{3-8}$$

式中 0——外坡坡比符合标准要求，$1:n \leqslant 1:3$；

1——外坡坡比过陡，$1:n > 1:3$。

（9）坝体抗滑稳定性 X_9。

$$X_9 = \{0,1,2,3\} \tag{3-9}$$

式中 0——坝体抗滑稳定最小安全系数满足《尾矿库安全规程》的规定值，见表 3-1；

1——坝体抗滑稳定最小安全系数满足标准规定值，但部分高程上堆积边坡过陡，可能出现局部失稳；

2——坝体抗滑稳定最小安全系数小于标准规定值的 0.98 倍；

3——坝体抗滑稳定最小安全系数小于标准规定值的 0.95 倍。

表 3-1　坝坡抗滑稳定的最小安全系数

计算方法	运行条件	坝的级别			
		1	2	3	4、5
简化毕肖普法	正常运行	1.50	1.35	1.30	1.25
	洪水运行	1.30	1.25	1.20	1.15
	特殊运行	1.20	1.15	1.15	1.10
瑞典圆弧法	正常运行	1.30	1.25	1.20	1.15
	洪水运行	1.20	1.15	1.10	1.05
	特殊运行	1.10	1.05	1.05	1.05

（10）坝面排水沟 X_{10}。

$$X_{10} = \{0,1,2\} \tag{3-10}$$

式中 0——坝面排水沟完好；

1——坝面排水沟局部损毁、淤堵；

2——坝面未按设计设置排水沟，冲蚀严重，形成较多或较大的冲沟。

（11）坝肩截水沟 $\mathbf{X}_{11}$。

$$\mathbf{X}_{11} = \{0,1,2\} \tag{3-11}$$

式中　0——坝肩截水沟完好；

　　　1——坝肩截水沟局部损毁、淤堵；

　　　2——坝肩无截水沟，导致山坡雨水冲刷坝肩。

（12）堆积坝外坡未按设计设置维护设施 $\mathbf{X}_{12}$。

$$\mathbf{X}_{12} = \{0,1,2\} \tag{3-12}$$

式中　0——按设计对堆积坝外坡进行维护；

　　　1——部分子坝外坡维护设施缺失、损坏；

　　　2——完全未按设计对堆积坝外坡进行维护。

（13）坝体裂缝情况 $\mathbf{X}_{13}$。

$$\mathbf{X}_{13} = \{0,1,2,3\} \tag{3-13}$$

式中　0——坝体无裂缝、坍塌、滑动等；

　　　1——坝体局部出现纵向或横向裂缝；

　　　2——坝体出现大面积纵向裂缝，且出现较大范围渗透水高位出逸，出现大面积沼泽化；

　　　3——坝体出现贯穿性裂缝、坍塌、滑动迹象。

（14）排洪构筑物 $\mathbf{X}_{14}$。

$$\mathbf{X}_{14} = \{0,1,2,3\} \tag{3-14}$$

式中　0——排洪构筑物完好，排洪能力满足需求；

　　　1——排洪构筑物混凝土厚度、强度或者形式不满足设计要求，排洪设施出现不影响安全使用的裂缝、腐蚀或磨损；

　　　2——排洪设施部分堵塞或坍塌、排水井有所倾斜，排水能力有所降低，达不到设计要求，排洪构筑物终止使用时，封堵措施不满足设计要求；

　　　3——排洪系统严重堵塞或坍塌，不能排水或排水能力急剧降低，排水井显著倾斜，有倒塌迹象。

（15）安全超高 $\mathbf{X}_{15}$。

$$\mathbf{X}_{15} = \{0,1,2,3\} \tag{3-15}$$

（16）干滩长度 $\mathbf{X}_{16}$。

$$\mathbf{X}_{16} = \{0,1,2,3\} \tag{3-16}$$

式中　0——在设计洪水位时，安全超高和干滩长度均满足标准规定值，
　　　　　　见表 3-2；

　　　　1——在设计洪水位时，安全超高或干滩长度小于 0.8 倍标准规定值；

　　　　2——在设计洪水位时，安全超高或干滩长度小于 0.6 倍标准规定值；

　　　　3——在设计洪水位时，安全超高或干滩长度远小于标准规定值，将可能
　　　　　　出现洪水漫顶。

表 3-2　最小安全超高和最小干滩长度规定

坝的级别	1	2	3	4	5
最小安全超高/m	1.5	1.0	0.7	0.5	0.4
最小干滩长度/m	150	100	70	50	40

（17）浸润线埋深 X_{17}。

$$X_{17} = \{0,1,2,3\} \tag{3-17}$$

式中　0——浸润线埋深满足标准规定值，见表 3-3；

　　　　1——浸润线埋深小于 1.1 倍控制浸润线埋深；

　　　　2——浸润线埋深小于控制浸润线埋深；

　　　　3——坝体出现严重的管涌、流土等现象。

表 3-3　堆积坝下游坡浸润线最小埋深

堆积坝高度 H_0/m	$H_0 \geqslant 150$	$150 > H_0 \geqslant 100$	$100 > H_0 \geqslant 60$	$60 > H_0 \geqslant 30$	$H_0 < 30$
浸润线最小埋深/m	10~8	8~6	6~4	4~2	2

（18）未按法规、国家标准或行业标准对坝体稳定性进行评估 X_{18}。

$$X_{18} = \{0,1\} \tag{3-18}$$

式中　0——按照相关法规标准定期对坝体稳定性进行评估；

　　　　1——未按照相关法规标准对坝体稳定性进行评估。

（19）未按国家规定配备专职安全生产管理人员、专业技术人员和特种作业
人员 X_{19}。

$$X_{19} = \{0,1\} \tag{3-19}$$

式中　0——未对尾矿库配备相关专职专业工作人员；

　　　　1——按规定为尾矿库配备相关专职专业工作人员。

（20）未按设计设置安全监测系统 X_{20}。

$$\mathbf{X}_{20} = \{0,1\} \tag{3-20}$$

式中　0——企业按规定设置安全监测系统；

　　　1——企业未设置安全监测系统。

（21）安全监测系统运行不正常未及时修复 $\mathbf{X}_{21}$。

$$\mathbf{X}_{21} = \{0,1\} \tag{3-21}$$

式中　0——安全监测系统运行正常；

　　　1——安全监测系统运行不正常未及时修复。

（22）关闭、破坏安全监测系统，或者篡改、隐瞒、销毁其相关数据、信息 $\mathbf{X}_{22}$。

$$\mathbf{X}_{22} = \{0,1\} \tag{3-22}$$

式中　0——不存在上述情形，及时对监测数据进行分析、处理；

　　　1——存在上述情形，监测数据处理、应用不当。

3.1.2　基于 SSA-SVM 的溃坝可能性等级预测模型

溃坝可能性等级预测实则是对尾矿库运行中溃坝可能性的多分类预测问题，SVM 是一种基于统计学理论的分类算法，并且通过引入核函数，成为具有非线性的多分类模型，其相关参数选取直接影响模型性能。因此，本章运用 SSA 智能算法对 SVM 进行参数寻优，实现对尾矿库溃坝可能性等级的预测。

3.1.2.1　麻雀搜索算法

SSA 算法是 Xue 和 Shen 于 2020 年受麻雀群体觅食规律启发而提出的一种群体优化算法。相关研究表明 SSA 智能算法具有很好的全局搜索能力且收敛速度快。

SSA 算法模型是依据麻雀群体觅食和反觅食行为规律建立的，包含发现者、加入者及警戒者。在觅食过程中，发现者寻找食物并为种群提供觅食范围，作为种群觅食的引导者，自身适应度值高，搜索范围广。加入者为了获取更好的适应度值，会跟随发现者一起觅食。同时，部分加入者会对发现者进行监控，以便夺取食物资源进而提高自身觅食率；当种群边缘的麻雀在觅食过程中意识到危险时，警戒者会迅速发出预警并进行反觅食行为。

在麻雀群体中，发现者和加入者可以互相转换身份，但两者在种群中所占比例恒定，警戒者占种群的 10%~20%。在整个觅食过程中，三者位置不断更新，完成食物资源的获取，三者位置更新表达式如下：

（1）发现者位置更新。

$$X_{i,j}^{t+1} = \begin{cases} X_{i,j}^t \cdot \exp\left(-\dfrac{i}{\eta \cdot iter_{max}}\right) & R_2 < ST \\ X_{i,j}^t + Q \cdot \boldsymbol{L} & R_2 \geqslant ST \end{cases} \quad (3\text{-}23)$$

式中　t——迭代次数；

　$iter_{max}$——最大迭代次数；

　$X_{i,j}^t$——第 i 个麻雀在第 j 维中的位置信息；

　η——一个随机数，$\eta \in (0, 1]$；

　R_2——警戒值，$R_2 \in [0, 1]$；

　ST——安全值，$ST \in [0.5, 1]$；

　Q——一个服从标准正态分布的随机数；

　$\boldsymbol{L}$——一个元素均为 1 的 $1 \times d$ 矩阵。

当 $R_2 < ST$ 时，表示麻雀群体觅食范围内没有危险出现，发现者可以对更大的范围进行觅食搜索；反之，当 $R_2 \geqslant ST$ 时，意味着当前觅食范围出现危险，麻雀群体需迅速转移到其他安全区域进行觅食。

（2）加入者位置更新。

$$X_{i,j}^{t+1} = \begin{cases} Q \cdot \exp\left(\dfrac{X_{worst}^t - X_{i,j}^t}{i^2}\right) & i > \dfrac{np}{2} \\ X_p^{t+1} + |X_{i,j}^t - X_p^{t+1}| \cdot \boldsymbol{A}_0^+ \cdot \boldsymbol{L} & i \leqslant \dfrac{np}{2} \end{cases} \quad (3\text{-}24)$$

式中　X_p^{t+1}——发现者在 $t+1$ 次迭代时的最佳位置；

　X_{worst}^t——第 t 次迭代时全局最差位置；

　np——种群规模；

　$\boldsymbol{A}_0$——每个元素随机赋值为 1 或 -1 的 $1 \times d$ 矩阵，$\boldsymbol{A}_0^+ = \boldsymbol{A}_0^T (\boldsymbol{A}_0 \boldsymbol{A}_0^T)^{-1}$。

（3）警戒者位置更新。

$$X_{i,j}^{t+1} = \begin{cases} X_{best} + \nu \cdot |X_{i,j}^t - X_{best}| & f_i > f_g \\ X_{i,j}^t + K \cdot \left(\dfrac{|X_{i,j}^t - X_{worst}^t|}{(f_i - f_w) + \varepsilon}\right) & f_i = f_g \end{cases} \quad (3\text{-}25)$$

式中　X_{best}——当前全局最优位置；

　ν——步长控制参数，服从均值为 0，方差为 1 的正态分布；

　K——移动方向，也是一个步长控制参数，取值范围为 $[-1, 1]$；

f_i——当前麻雀的适应度值；

f_g——全局最佳适应度值；

f_w——全局最差适应度值；

ε——最小常数，避免分母为 0。

当 $f_i > f_g$ 时，位于种群边缘位置的个体很容易被捕食者捕获；当 $f_i = f_g$ 时，位于种群中间位置的个体意识到危险并迅速转移避免被捕获。

3.1.2.2　支持向量机

尾矿库样本数据较少，具体尾矿库案例的数据收集工作也比较繁杂。SVM 是 Vapnik 于 1995 年提出的一种学习方法，在解决小样本、非线性、高维模式识别方面具有优势，广泛应用于分类、回归等算法。因此，本节采用 SVM 进行溃坝可能性等级的预测。

SVM 的基本思想是通过寻找超平面，将训练样本正确地分类，同时最大化训练样本与最优超平面的最小距离之和，即最大化分类超平面之间的距离。对于溃坝可能性等级预测这一非线性问题，可通过利用非线性函数 $\varphi(x)$ 将训练集 **T** 映射到高维空间中进行线性模型处理（见图 3-2），在变换后的空间中求解最优分类面，即采用非线性 SVM 模型来解决溃坝可能性多分类问题。

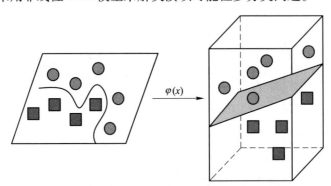

图 3-2　非线性函数映射

给定一组尾矿库训练数据集：

$$\mathbf{T} = \{(\boldsymbol{x}_1, \boldsymbol{y}_1), (\boldsymbol{x}_2, \boldsymbol{y}_2), \cdots, (\boldsymbol{x}_n, \boldsymbol{y}_n)\} \tag{3-26}$$

式中　$\boldsymbol{x}_i$——第 i 个特征向量，即尾矿库的 22 个输入参数，$\boldsymbol{x}_i \in \boldsymbol{R}^n$；

　　　$\boldsymbol{y}_i$——$\boldsymbol{x}_i$ 对应的类别标签，即为尾矿库的 4 个溃坝可能性等级；

　　　n——尾矿库样本个数。

非线性 SVM 的目标是寻找一个最优超平面，使每一类数据支持向量之间的分类间隔最大。分类超平面的表达式为：

$$\boldsymbol{w} \cdot \boldsymbol{x} + b = 0 \tag{3-27}$$

式中　$\boldsymbol{w}$——超平面的法向量，决定了该超平面的方向；

　　　b——超平面的截距，决定了超平面和原点之间的距离；

二者均为 SVM 模型可学习参数。

此时，非线性 SVM 模型可表达为：

$$\begin{cases} \min \dfrac{1}{2} \parallel \boldsymbol{w} \parallel^2 + C \sum\limits_{i=1}^{n} \xi_i \\ s.t. \ \boldsymbol{y}_i(\boldsymbol{w}^T \boldsymbol{x}_i + b) \geqslant 1 - \xi_i \\ \xi_i \geqslant 0, \ i = 1, 2, \cdots, n \end{cases} \tag{3-28}$$

式中　C——惩罚参数，表示对误差的容忍程度；

　　　ξ——松弛变量。

引入 Lagrange 乘子法对式（3-28）进行求解，得到其拉格朗日函数为：

$$\boldsymbol{L}(\boldsymbol{w}, b, \xi, \alpha, \beta) = \frac{1}{2} \parallel \boldsymbol{w} \parallel^2 + C \sum_{i=1}^{n} \xi_i - \sum_{i=1}^{n} \alpha_i [\boldsymbol{y}_i(\boldsymbol{w} \cdot \boldsymbol{x}_i + b) + \xi_i - 1]$$

$$- \sum_{i=1}^{n} \beta_i \xi_i \tag{3-29}$$

式中　α, β——拉格朗日乘子，$\alpha \geqslant 0$，$\beta \geqslant 0$。

对拉格朗日函数式（3-29）中 $\boldsymbol{w}$，b，ξ 分别求，根据最优解（Karush Kuhn Tucker，KKT）条件可得：

$$\begin{cases} \dfrac{\partial \boldsymbol{L}}{\boldsymbol{w}} = 0 \\ \dfrac{\partial \boldsymbol{L}}{b} = 0 \Rightarrow \\ \dfrac{\partial \boldsymbol{L}}{\xi} = 0 \end{cases} \begin{cases} \boldsymbol{w} = \sum\limits_{i=1}^{n} \alpha_i \boldsymbol{y}_i \boldsymbol{x}_i \\ \sum\limits_{i=1}^{n} \alpha_i \boldsymbol{y}_i = 0 \\ C - \alpha_i - \beta_i = 0 \end{cases} \tag{3-30}$$

将式（3-30）代入式（3-29）中，得到式（3-29）的对偶问题：

$$\begin{cases} \min\limits_{\alpha} \dfrac{1}{2} \sum\limits_{i=1}^{n} \sum\limits_{j=1}^{n} \alpha_i \alpha_j \boldsymbol{y}_i \boldsymbol{y}_j (\boldsymbol{x}_i \cdot \boldsymbol{x}_j) - \sum\limits_{i=1}^{n} \alpha_i \\ s.t. \ 0 \leqslant \alpha_i \leqslant C \\ \sum\limits_{i=1}^{n} \alpha_i \boldsymbol{y}_i = 0 \end{cases} \tag{3-31}$$

若 $\alpha^* = (\alpha_1^*, \ \alpha_2^*, \ \cdots, \ \alpha_n^*)^T$ 为式（3-31）最优解，选择其中一个分量满足 $0 < \alpha_i^* < C$，则得到分类超平面和分类模型的表达式为：

$$\sum_{i=1}^n \alpha_i^* \boldsymbol{y}_i(\boldsymbol{x}_i \cdot \boldsymbol{x}_j) + b^* = 0 \tag{3-32}$$

$$f(x) = \text{sgn}\Big[\sum_{i=1}^n \alpha_i^* \boldsymbol{y}_i(\boldsymbol{x}_i \cdot \boldsymbol{x}_j) + b^* \Big] \tag{3-33}$$

SVM 模型通过引入核函数的方法解决内积 $(\boldsymbol{x}_i \cdot \boldsymbol{x}_j)$ 问题，常用的 4 种核函数包括线性核函数、多项式核函数、径向基（RBF）核函数、Sigmoid 核函数等。考虑尾矿库数据的非线性，结合 RBF 核函数形态良好、应用广泛的优势，本节也采用 RBF 核函数作为 SVM 模型的核函数，其函数表达式为：

$$K(\boldsymbol{x}_i, \boldsymbol{x}_j) = \exp\left\{ -\frac{\|\boldsymbol{x}_i - \boldsymbol{x}_j\|^2}{2g^2} \right\} \tag{3-34}$$

式中　g——RBF 核函数的带宽，$g>0$。

此时，多分类函数表达式为：

$$f(x) = \text{sgn}\left[\sum_{i=1}^n \alpha_i^* \boldsymbol{y}_i \exp\left\{ -\frac{\|\boldsymbol{x}_i - \boldsymbol{x}_j\|^2}{2g^2} \right\} + b^* \right] \tag{3-35}$$

惩罚参数 C 和核函数参数 g 是影响 SVM 多分类效果的主要参数，运用 SSA 智能算法对这两个关键参数进行全局寻优，构建 SSA-SVM 尾矿库溃坝可能性等级预测模型。

3.1.2.3　SSA-SVM 预测模型构建

将预测模型数据库中的 302 条尾矿库数据随机分为两组，一般 80% 作为训练集，20% 作为测试集，即 241 条数据用于训练模型，61 条数据用于检验模型的预测性能。选定坝坡坡比、安全超高、浸润线埋深等 22 个参数为 SSA-SVM 预测模型的输入变量，溃坝可能性等级为输出标签。采用 SSA 智能算法对 SVM 模型中的两个关键参数，惩罚参数 C 和 RBF 核函数参数 g 进行全局寻优，建立基于 SSA-SVM 的溃坝可能性等级预测模型，并与其他智能算法优化 SVM 模型的预测结果进行对比分析，检验模型的适用性、有效性，具体流程如图 3-3 所示。

SVM 模型对尾矿库样本多分类性能的优劣主要取决于参数 C 和 g，不同的参数 C、g 构建的 SVM 模型对同一数据集的分类精度一般会存在较大差异。SSA 智能算法优化 SVM 模型表现为其可以实现自动地对 SVM 模型参数进行全局智能搜索，达到全局最优解。

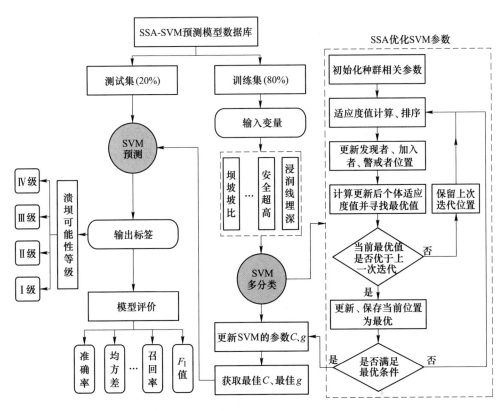

图 3-3 基于 SSA-SVM 的溃坝可能性等级预测流程

3.1.3 SSA-SVM 预测模型性能评估

为了说明 SVM 模型参数优化的必要性，任意选取 10 组 C、g 组合，对 3.1.1 节中的预测模型数据库进行仿真，结果见表 3-4。可以看出溃坝可能性等级预测准确性随 SVM 参数变化较大，最高为 88.52%，最低为 40.98%，因此本书采用 SSA 智能算法对 SVM 参数进行优化，以提高模型准确性及其他性能。

表 3-4 SVM 模型预测结果

序号	SVM 参数		预测准确性
	C	g	
1	0.2	0.1	67.21
2	2	1	85.25
3	10	6	40.98

续表 3-4

序号	SVM 参数		预测准确性
	C	g	
4	20	0.7	88.52
5	50	4	40.98
6	75	1.5	81.97
7	90	2.6	50.82
8	100	1.3	83.61
9	150	4.3	40.98
10	200	5.6	40.98

为了检验 SSA 智能算法的性能以及 SSA-SVM 模型在溃坝可能性等级预测中的适用性，本书采用粒子群算法（Particle Swarm Optimization，PSO）、遗传算法（Genetic Algorithm，GA）、灰狼优化算法（Grey Wolf Optimization，GWO）、鲸鱼优化算法（Whale Optimization Algorithm，WOA）等 4 种智能算法分别对 SVM 模型进行优化，基于预测准确性、拟合优度、泛化能力等评价指标，与 SSA-SVM 模型进行对比分析。各 SVM 优化模型的初始参数设置及寻优后的最佳参数 C、g 见表 3-5。

表 3-5　各 SVM 优化模型相关参数

优化算法	PSO	GA	GWO	WOA	SSA
初始参数	加速常数 $c_1 = c_2 = 2$ 惯性权重 $w_{max} = 0.9$ $w_{min} = 0.6$	交叉概率 $P_c = 0.8$ 变异概率 $P_m = 0.01$	收敛因子 $a = (2 \rightarrow 0)$	对数螺旋 形状常数 $b = 1$	安全阈值 $ST = 0.6$ 发现者数量 $PD = 0.7$ 警戒者数量 $SD = 0.2$
最佳参数 C	62.5069	61.3151	15.0761	28.9570	59.3068
最佳参数 g	0.0200	0.0494	0.0104	0.0110	0.4594

3.1.3.1　溃坝可能性等级预测准确性

预测准确性（Accuracy）反映了预测模型对溃坝可能性等级的识别情况，一般指的是测试集的准确性。不同算法优化 SVM 模型的溃坝可能性等级预测及准确性如图 3-4 所示。从图 3-4 中可以得知 SSA-SVM 模型的可能性等级预测准确性最高，为 98.36%，相较于 PSO-SVM，GA-SVM，GWO-SVM，WOA-SVM 等模型的预测准确性分别高出 6.56%，4.92%，11.47%，3.28%。表明 SSA-SVM 模型的溃坝可能性等级预测结果最准确，模型预测性能优于其他 4 种 SVM 优化模型。

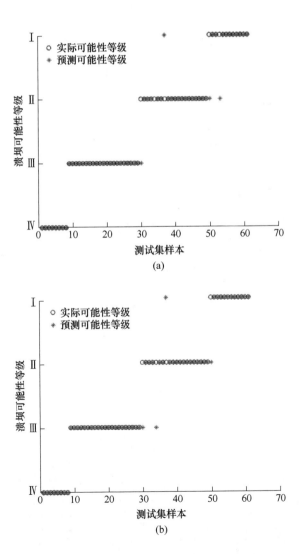

(a)

(b)

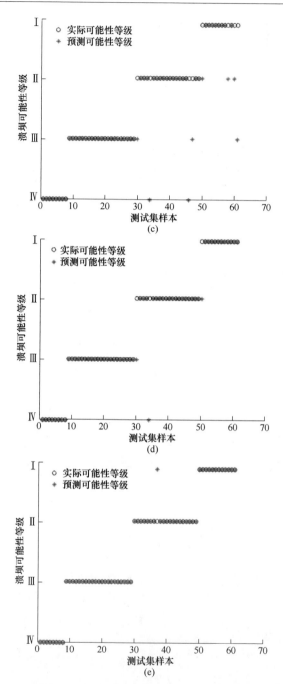

图 3-4　5 种 SVM 优化模型的溃坝可能性等级预测（测试集）
（a）PSO-SVM 测试集的实际/预测可能性等级图（准确性为 91.80%）；
（b）GA-SVM 测试集的实际/预测可能性等级图（准确性为 93.44%）；
（c）GWO-SVM 测试集的实际/预测可能性等级图（准确性为 86.89%）；
（d）WOA-SVM 测试集的实际/预测可能性等级图（准确性为 95.08%）；
（e）SSA-SVM 测试集的实际/预测可能性等级图（准确性为 98.36%）

3.1.3.2 模型拟合优度

采用均方误差（Mean Squared Error，MSE）、均方根误差（Root Mean Square Error，$RMSE$）、平均绝对百分比误差（Mean Absolute Percentage Error，$MAPE$）、对称平均绝对百分比误差（Symmetric Mean Absolute Percentage Error，$SMAPE$）、决定系数（R^2）等指标来衡量各 SVM 优化模型的拟合优度，其表达式分别为：

$$MSE = \frac{1}{m} \sum_{i=1}^{m} (P_i - T_i)^2 \tag{3-36}$$

$$RMSE = \sqrt{\frac{1}{m} \sum_{i=1}^{m} (P_i - T_i)^2} \tag{3-37}$$

$$MAPE = \frac{1}{m} \sum_{i=1}^{m} \left| \frac{P_i - T_i}{T_i} \right| \tag{3-38}$$

$$SMAPE = \frac{2}{m} \sum_{i=1}^{m} \frac{|P_i - T_i|}{(|P_i| + |T_i|)} \tag{3-39}$$

$$R^2 = 1 - \frac{\sum_{i=1}^{m} (P_i - T_i)^2}{\sum_{i=1}^{m} (P_i - \overline{T_i})^2} \tag{3-40}$$

式中　P_i——输出的溃坝可能性等级预测值，$\overline{P_i}$ 表示 P_i 的均值；

T_i——输出的溃坝可能性等级实际值；

m——测试集尾矿库样本数。

根据式（3-36）~式（3-40）计算得到的各优化模型评价指标值见表 3-6。

表 3-6　各 SVM 优化模型相关评价结果比较

SVM 优化模型	模型评价指标值				
	MSE	$RMSE$	$MAPE$	$SMAPE$	R^2
PSO-SVM	0.1311	0.3621	0.0301	0.0370	0.8642
GA-SVM	0.0656	0.2561	0.0205	0.0225	0.9296
GWO-SVM	0.2787	0.5279	0.0533	0.0709	0.7367
WOA-SVM	0.0984	0.3137	0.0205	0.0276	0.8984
SSA-SVM	0.0164	0.1281	0.0055	0.0047	0.9827

MSE、*RMSE* 是评价 SVM 优化模型预测值和实际值间直接误差的指标，其值越小，表明模型预测能力越强。*MSE*、*RMSE* 大小受到尾矿库溃坝可能性等级数据绝对值的影响，因此同时引入 *MAPE* 进一步分析可能性等级的绝对值与误差。*MAPE* 反映了可能性等级预测值和实际值之间的相对误差，其值越小，表明预测效果越好。从表 3-6 可以看出，SSA-SVM 预测模型的 *MSE*、*RMSE* 和 *MAPE* 值分别为 0.0164、0.1281、0.0055，均小于其他 4 种 SVM 优化模型，展现出该模型具备良好的溃坝可能性等级预测能力。

SMAPE 也是评价 SVM 模型预测性能常用的指标之一，其值越接近于 0，模型的预测能力越佳。从表 3-6 可知，SSA-SVM 模型的 *SMAPE* 值为 0.0047，与 0 最为接近，再次展现出该模型良好的可能性等级预测能力。

R^2 是反映模型拟合能力的重要指标，R^2 越接近 1，模型的预测值与实际值误差也越小。从表 3-6 看出，SSA-SVM 模型的 R^2 值为 0.9827，为 5 种 SVM 优化模型中最接近 1 的值，表明该模型的拟合能力最佳。

总体而言，SSA-SVM 预测模型较其他优化模型，在溃坝可能性等级中展现出最佳的预测准确性和拟合优度。

3.1.3.3　模型泛化能力

混淆矩阵一般用于度量 SVM 模型的泛化能力。对于多分类问题的混淆矩阵，一般可以将某一类别看作"正类"，其他类别都看作"负类"，各 SVM 优化模型的混淆矩阵如图 3-5 所示。

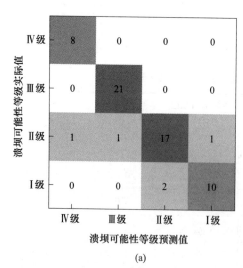
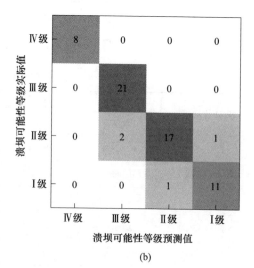

(a)　　　　　　　　　　　　　　(b)

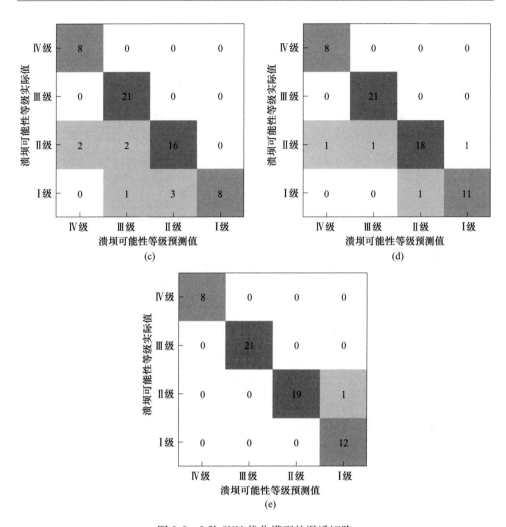

图 3-5 5 种 SVM 优化模型的混淆矩阵

(a) PSO-SVM；(b) GA-SVM；(c) GWO-SVM；(d) WOA-SVM；(e) SSA-SVM

混淆矩阵相关的精确率（Precision，PR）、召回率（Recall，RE）、F_1值（F_1score，F_1）等也可以用来评价 SVM 优化模型的预测性能，其表达式分别如下：

$$PR = \frac{TP}{TP + FP} \tag{3-41}$$

$$RE = \frac{TP}{TP + FN} \tag{3-42}$$

$$F_1 = \frac{2 \times PR \times RE}{PR + RE} \qquad (3-43)$$

式中　TP——真正例，将正类预测为正类的尾矿库样本数；

　　　　FN——假负例，将正类预测为负类的尾矿库样本数；

　　　　FP——假正例，将负类预测为正类的尾矿库样本数；

　　　　F_1——PR 和 RE 的加权调和平均值。

根据式（3-41）～式（3-43）获取的 PR、RE、F_1 等参数值见表 3-7。

表 3-7　混淆矩阵相关参数结果比较

SVM 优化模型	可能性等级	混淆矩阵相关参数值						
		TP	FN	TN	FP	PR	RE	F_1
PSO-SVM	IV	8	0	52	1	0.89	1.00	0.94
	III	21	0	39	1	0.95	1.00	0.98
	II	17	3	39	2	0.89	0.85	0.87
	I	10	2	48	1	0.91	0.83	0.87
GA-SVM	IV	8	0	53	0	1.00	1.00	1.00
	III	21	0	38	2	0.91	1.00	0.95
	II	17	3	40	1	0.94	0.85	0.89
	I	11	1	48	1	0.92	0.92	0.92
GWO-SVM	IV	8	0	51	2	0.80	1.00	0.89
	III	21	0	37	3	0.88	1.00	0.94
	II	16	4	38	3	0.84	0.80	0.82
	I	8	4	49	0	1.00	0.67	0.80
WOA-SVM	IV	8	0	52	1	0.89	1.00	0.94
	III	21	0	39	1	0.95	1.00	0.97
	II	18	2	40	1	0.95	0.90	0.92
	I	11	1	49	0	1.00	0.92	0.96
SSA-SVM	IV	8	0	53	0	1.00	1.00	1.00
	III	21	0	40	0	1.00	1.00	1.00
	II	19	1	41	0	1.00	0.95	0.97
	I	12	0	48	1	0.92	1.00	0.96

对于多分类问题，在获取每个子类别的混淆矩阵相关参数后，可引入宏平均（Mac-averaging）和微平均（Mic-averaging）2 个指标，评估 SVM 优化模型的综合性能。宏平均是指所有类别的每一个评价指标的算数平均值，包括宏精准

率（PR_{mac}）、宏召回率（RE_{mac}）及宏 F_1 值（F_{1mac}），其表达式分别为：

$$PR_{mac} = \frac{1}{k} \sum_{i=1}^{k} PR_i \tag{3-44}$$

$$RE_{mac} = \frac{1}{k} \sum_{i=1}^{k} RE_i \tag{3-45}$$

$$F_{1mac} = \frac{2 \times PR_{mac} \times RE_{mac}}{PR_{mac} + RE_{mac}} \tag{3-46}$$

微平均（Mic-averaging）是不分类别地统计所有样本，建立混淆矩阵，计算微精准率（PR_{mic}）、微召回率（RE_{mic}）及微 F_1 值（F_{1mic}），其表达式分别为：

$$PR_{mic} = \frac{\sum\limits_{i=1}^{k} TP_k}{\sum\limits_{i=1}^{k} TP_k + \sum\limits_{i=1}^{k} FP_k} \tag{3-47}$$

$$RE_{mic} = \frac{\sum\limits_{i=1}^{k} TP_k}{\sum\limits_{i=1}^{k} TP_k + \sum\limits_{i=1}^{k} FN_k} \tag{3-48}$$

$$F_{1mic} = \frac{2 \times PR_{mic} \times RE_{mic}}{PR_{mic} + RE_{mic}} \tag{3-49}$$

根据式（3-44）~式（3-49），结合表 3-7 中各子类别的 PR、RE、F_1 计算结果，可得这三个指标的宏平均值、微平均值见表 3-8。

表 3-8　混淆矩阵相关参数的宏平均值与微平均值比较

SVM 优化模型	混淆矩阵相关参数值					
	PR_{mac}	RE_{mac}	F_{1mac}	PR_{mic}	RE_{mic}	F_{1mic}
PSO-SVM	0.91	0.92	0.92	0.92	0.92	0.92
GA-SVM	0.94	0.94	0.94	0.93	0.93	0.93
GWO-SVM	0.88	0.87	0.86	0.87	0.87	0.87
WOA-SVM	0.95	0.96	0.95	0.95	0.95	0.95
SSA-SVM	0.98	0.99	0.98	0.98	0.98	0.98

综合考虑不同优化 SVM 模型的精准率 PR、召回率 RE、F_1 值及宏、微平均值等反映模型性能的指标，结合表 3-7、表 3-8 中的计算结果，各评价指标的综合对比分析分别如图 3-6（精准率 PR）、图 3-7（召回率 RE）、图 3-8（F_1 值）所

示。5 种 SVM 优化模型对溃坝可能性Ⅳ级、可能性Ⅲ级、可能性Ⅱ级、可能性Ⅰ
级样本分类的精确率 PR 分别为 0.89～0.95（PSO-SVM）、0.91～1.00（GA-
SVM）、0.80～1.00（GWO-SVM）、0.89～1.00（WOA-SVM）、0.92～1.00（SSA-
SVM），召回率 RE 分别为 0.83～1.00、0.85～1.00、0.67～1.00、0.90～1.00、
0.95～1.00，F_1 值分别为 0.87～0.94、0.89～1.00、0.80～0.94、0.92～0.97、
0.96～1.00。

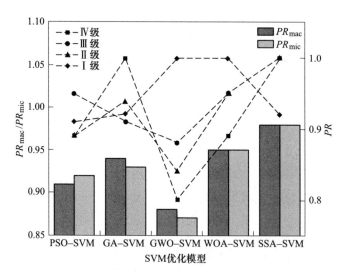

图 3-6　5 种 SVM 优化模型的精确率 PR 对比

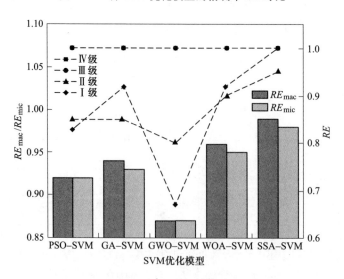

图 3-7　5 种 SVM 优化模型的召回率 RE 对比

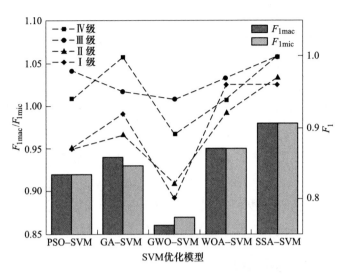

图 3-8 5 种 SVM 优化模型 F_1 值对比

对于采用的 SSA-SVM 预测模型，Ⅳ级可能性样本和Ⅲ级可能性样本的分类 F_1 值均为 1.00，表明该模型能够对测试集中的全部Ⅳ级、Ⅲ级可能性样本正确分类，同时未误将其余等级样本划分为Ⅳ级、Ⅲ级。

对比分析 PR、RE、F_1 的宏、微平均值可知，SSA-SVM 模型依然表现最佳，三个指标的宏、微平均值均不低于 0.98（见表 3-8），均大于其他 4 种 SVM 优化模型的相应指标值，较其他 SVM 优化模型展现出明显的优势。GWO-SVM 优化模型表现最差，其宏、微平均值均不大于 0.88，分类性能较差。

综上所述，本研究采用的 SSA-SVM 预测模型性能最佳，具有良好的分类、预测能力，能够实现尾矿库溃坝可能性等级的多分类预测，为尾矿库风险管理提供决策参考。

3.2 溃坝事件强度

在以往研究中，溃坝尾砂下泄量、影响距离等参数的预测方法主要分为坝高倍数估算法、经验公式法和数值模拟法。其中，坝高倍数估算法依据不充分，也非经验公式，通常与实际情况相差较大。经验公式法大多直接考虑最不利情况，将尾矿库现状库容视为尾砂下泄量进行简算，无形中扩大了尾矿库溃坝事件强度，提高了尾矿库风险等级，不利于尾矿库风险管理决策的合理性。

数值模拟法能够实现溃坝尾砂演进的动态模拟，但该方法在边界界定、参数取值、模型验证等方面要求较高，且需要借助专业软件针对具体尾矿库坝高、库容、地形条件等进行模拟，不适用于尾矿库数量较多的情形。

针对上述问题，本章以溃坝事故案例作为支撑，将 SVR 模型引入到溃坝事件强度相关参数的预测中。借助 SVR 模型的回归预测能力，并采用 GWO 对其关键参数进行优化，构建基于 GWO-SVR 的尾砂下泄量预测模型，实现对溃坝后下泄尾砂量的预测。受限于有效数据获取不足，对于尾砂最大下泄距离，则基于预测的尾砂下泄量、坝高、库容等参数间的关系式，对尾砂最大下泄距离进行预测。最后，通过对溃坝尾砂下泄量、尾砂最大下泄距离进行分级，衡量溃坝释放的能量大小，实现对溃坝事件强度等级的划分。

3.2.1　溃坝尾砂下泄量数据库

相关研究表明，溃坝尾砂下泄量受到库容、坝高、地形、地貌等诸多因素影响，但库容、坝高是最主要的两个影响因素。因此，本书选取这两个参数作为尾砂下泄量预测模型的输入参数，对尾矿库溃坝尾砂下泄量进行回归预测。

受限于数据的可获取性，预测模型数据库中共包括 73 条数据，主要来源于 L. Piciullo 等（71 条），应急部网站（2 条），见表 3-9。

表 3-9　尾砂下泄量预测数据库

序号	坝高/m	库容/m³	尾砂下泄量/m³	最大下泄距离/km
1	43	0.5×10^6	0.17×10^6	25
2	15	15×10^6	1.8×10^6	5.2
3	20	13×10^6	3×10^6	45
4	25	27×10^6	3.5×10^6	1.3
5	20	0.45×10^6	0.07×10^6	0.8
6	6	0.038×10^6	0.011×10^6	0.8
7	20	0.5×10^6	0.085×10^6	5
8	40	2×10^6	0.5×10^6	8
9	11	0.37×10^6	0.37×10^6	110
10	15	12.34×10^6	9×10^6	120
⋮	⋮	⋮	⋮	⋮
69	46	0.55×10^6	0.136×10^6	—
70	24	1.25×10^6	0.1×10^6	—

续表 3-9

序号	坝高/m	库容/m³	尾砂下泄量/m³	最大下泄距离/km
71	—	1.2×10^6	0.6×10^6	—
72	35	11.48×10^6	2.5×10^6	—
73	61	20×10^6	2.8×10^6	—

由于模型数据库中尾矿库库容分布在几万到几千万立方米之间，数据范围较大，不利于模型收敛，同时也会降低模型的预测精度，因此需要对尾矿库库容进行数据标准化处理。常用的数据标准化方法有 MIN-MAX 线性标准化、Z-score 标准化、小数定标标准化、对数标准化等。鉴于库容数据本身较大，且分布区间较大，本章采用对数标准化方法对尾矿库样本数据进行处理：

$$V'_{Ti} = \lg V_{Ti} \tag{3-50}$$

式中　V'_{Ti}——标准化后的库容值；

　　　V_{Ti}——原始的尾矿库库容值，m^3。

经过式（3-50）标准化处理后的库容值变为无量纲值，通过建立的预测模型数据库（见表 3-9）可知，库容原始数据范围为 $[0.025\times10^6, 155\times10^6]$，标准化后的数据范围为 $[4.398, 8.190]$，很大程度上缩小了原始数据间的差值。

原始尾矿库库容数据标准化有助于缩小模型回归预测过程中由于数据差值过大引起的误差。需要说明的是，训练集、测试集的数据均需标准化，预测模型输出的尾砂下泄量也为标准化后的数值，需要对其进行反标准化以获取实际的尾砂下泄量预测值：

$$V_{Di} = 10^{V'_{Di}} \tag{3-51}$$

式中　V'_{Di}——预测模型输出的库容值；

　　　V_{Di}——模型预测的反标准化后的尾矿库库容，m^3。

3.2.2 基于 GWO-SVR 的溃坝尾砂下泄量预测模型

溃坝尾砂下泄量预测实则是尾矿库溃坝后下泄尾砂量的回归预测问题，SVR 模型是一种基于统计学理论的回归算法，并且通过引入核函数，成为具有非线性的回归预测模型，其相关参数选取直接影响模型性能。因此，本节运用 GWO 智能优化算法对 SVR 进行参数寻优，实现对尾矿库溃坝尾砂下泄量的预测。

3.2.2.1 灰狼优化算法

GWO 算法是 Mirjalili 等提出的一种模拟灰狼种群等级制度与狩猎行为的群智

能优化算法，具有收敛性能佳、参数少、易实现等优势。在该算法中，灰狼种群按地位高低分为 4 个阶层：α、β、δ、χ。其中，领导者 α 狼适应度最大，为最优解；协助者 β 狼适应度次之，为次优解；听从者 δ 狼适应度低于 β 狼，为第三优解；普通狼 χ 负责执行 α、β、δ 狼的决策，为候选解。灰狼种群狩猎行为在 GWO 中分为包围、猎捕、攻击等 3 个过程。

（1）包围行为。狼群在寻找猎物时，逐渐靠近猎物并将其包围，表达式为：

$$X(t + 1) = X_p(t) - A \cdot D \tag{3-52}$$

$$D = \left| C \cdot X_p(t) - X(t) \right| \tag{3-53}$$

$$A = 2a \cdot r_1 - a \tag{3-54}$$

$$C = 2r_2 \tag{3-55}$$

式中　　式（3-52）——灰狼位置更新公式；

　　　　式（3-53）——灰狼与猎物间距离公式；

　　　　　　t——当前迭代次数；

　　　$X_p(t)$——猎物的位置向量；

　　　$X(t)$——灰狼位置向量；

　　r_1，r_2——各维分量在 [0，1] 之间取值的随机向量；

　　A，C——协同系数向量，其中 A 用于模拟灰狼对猎物的攻击行为；

　　　　　　a——收敛因子，在整个迭代过程中线性地从 2 递减为 0。

（2）猎捕行为。在狼群包围猎物（潜在最优解）后，狼群会发挥搜寻能力对其进行围捕（狼群位置更新）。在 GWO 算法中，保留适应度最佳的 3 只狼（α、β、δ），依据这 3 只狼的位置信息更新种群中其他狼的位置，表达式如下：

$$\begin{cases} X_1(t + 1) = X_\alpha(t) - A_1 \cdot D_\alpha \\ X_2(t + 1) = X_\beta(t) - A_2 \cdot D_\beta \\ X_3(t + 1) = X_\delta(t) - A_3 \cdot D_\delta \end{cases} \tag{3-56}$$

$$\begin{cases} D_\alpha = \left| C_1 \cdot X_\alpha(t) - X(t) \right| \\ D_\beta = \left| C_2 \cdot X_\beta(t) - X(t) \right| \\ D_\delta = \left| C_3 \cdot X_\delta(t) - X(t) \right| \end{cases} \tag{3-57}$$

$$X(t + 1) = \frac{X_1(t + 1) + X_2(t + 1) + X_3(t + 1)}{3} \tag{3-58}$$

式中　　$X_1(t+1)$，$X_2(t+1)$，$X_3(t+1)$——狼（α、β、δ）在 t+1 次迭代时的位置向量；

$X_\alpha(t)$，$X_\beta(t)$，$X_\delta(t)$——狼（α、β、δ）当前位置向量；

D_α，D_β，D_δ——当前狼到狼（α、β、δ）的距离向量；

A_1 和 C_1，A_2 和 C_2，A_3 和 C_3——狼（α、β、δ）的系数向量。

（3）攻击行为。对猎物进行攻击是狼群狩猎的最后一步，也是获取最优解的过程。通过收敛因子 a 的线性递减实现协同系数 A 的范围缩小。当 $\|A\| \leqslant 1$ 时，狼群进行局部搜索，向猎物聚集进而攻击猎物，获取最优解；当 $\|A\| > 1$ 时，狼群分散，进行全局搜索，此时未能获取最优解。

3.2.2.2　支持向量回归

SVR 作为 SVM 模型的重要分支，是 Vapnik 等在 SVM 分类的基础上引入不敏感损失函数参数 ε 而得到的，用以解决回归拟合问题，通过最小化训练样本与最优超平面的最小距离之和，达到回归预测的目的。SVR 能够兼顾模型的复杂性和学习能力，在解决小样本、非线性及高维模式识别中具有明显的优势。

给定一组尾砂下泄量训练数据集：

$$T' = \{(x_1, y_1), (x_2, y_2), \cdots, (x_n, y_n)\} \tag{3-59}$$

式中　　x_i——第 i 个样本的输入参数，即尾矿库库容、坝高，$x_i \in R^n$；

y_i——对应的输出标签，即预测的尾砂下泄量，$y_i \in R$。

对于尾砂下泄量预测这一非线性 SVR 问题，可通过非线性函数 $\varphi(x)$，将输入数据映射到高维空间中，在高维特征空间建立线性回归模型：

$$f(x) = w \cdot \varphi(x) + b \tag{3-60}$$

式中　　w——权值向量；

b——阈值。

此时 SVR 目标函数可表示为：

$$\begin{cases} \min \quad \dfrac{1}{2} \| w \|^2 + C \sum_{i=1}^{l} (\xi_i + \xi_i^*) \\ s.t. \quad f(x_i) - y_i \leqslant \varepsilon + \xi_i \\ \qquad y_i - f(x_i) \leqslant \varepsilon + \xi_i^* \\ \qquad \xi_i \geqslant 0,\ \xi_i^* \geqslant 0 \end{cases} \tag{3-61}$$

式中　　C——惩罚参数；

　　　　ε——模型不敏感损失函数参数；

ξ_i，ξ_i^*——松弛变量，表示样本偏离 ε 不敏感区域的程度。

对式（3-61）可采用拉格朗日对偶问题求解：

$$
\begin{cases}
\max & \dfrac{1}{2}\sum_{i=1}^{n}\sum_{j=1}^{n}(\alpha_i-\alpha_i^*)(\alpha_j-\alpha_j^*)-K(x_i,x_j)+ \\
& \sum_{i=1}^{n}\alpha_i^*(y_i-\varepsilon)-\sum_{i=1}^{n}\alpha_i(y_i-\varepsilon) \\
s.t. & \sum_{i=1}^{n}(\alpha_i-\alpha_i^*)=0 \\
& \alpha_i\geqslant0,\ \alpha_i^*\leqslant C
\end{cases}
\tag{3-62}
$$

式中　　α_i——拉格朗日乘子；

$K(x_i,x_j)$——核函数。

最终得到 SVR 回归函数：

$$
f(x)=\sum_{i=1}^{n}(\alpha_i-\alpha_i^*)K(x_i,x_j)+b
\tag{3-63}
$$

考虑尾砂下泄量的非线性，结合 RBF 核函数形态良好、应用广泛的优势，本研究采用 RBF 核函数作为 SVR 的核函数，此时回归函数表达式为：

$$
f(x)=\sum_{i=1}^{n}(\alpha_i-\alpha_i^*)\exp\left\{-\frac{\|x_i-x_j\|^2}{2g^2}\right\}+b
\tag{3-64}
$$

惩罚参数 C、核函数参数 g、不敏感损失函数参数 ε 是影响 SVR 多分类效果的主要参数，本书将不敏感损失函数参数 ε 设为固定值，运用 GWO 智能算法对 C、g 两个关键参数进行全局寻优，构建 GWO-SVR 尾砂下泄量预测模型。

3.2.2.3　GWO-SVR 预测模型建立

将 GWO-SVR 预测模型数据库中的 73 条数据随机分为两组，一般 80% 作为训练集，20% 作为测试集，即 58 条数据用于训练 GWO-SVR 预测模型，15 条数据用于检验模型预测精度。选定库容、坝高两个参数为 GWO-SVR 预测模型的输入变量，尾砂下泄量为输出标签。采用 GWO 智能算法对 SVR 模型中的两个重要参数：惩罚参数 C、RBF 核函数参数 g 进行优化，损失函数参数 ε 设为固定值 0.001。基于 GWO-SVR 的溃坝尾砂下泄量预测模型计算流程如图 3-9 所示。

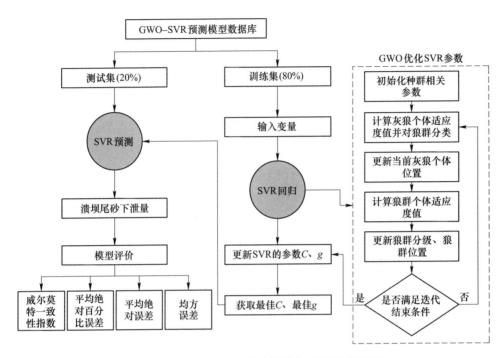

图 3-9　基于 GWO-SVR 的溃坝尾砂下泄量预测流程

3.2.3　GWO-SVR 预测模型性能评估

为了检验 GWO 智能算法的性能以及 GWO-SVR 预测模型在尾砂下泄量中的适用性，本书采用 PSO、GA、WOA、SSA 等 4 种智能算法对 SVR 模型进行参数寻优，与 GWO-SVR 模型进行预测能力的对比分析。基于 GWO-SVR 预测模型的溃坝尾砂下泄量预测结果与其他 4 种 SVR 优化模型的预测结果对比如图 3-10 所示。

SVR 优化模型的泛化能力是衡量模型预测性能的重要指标之一，可采用威尔莫特一致性指数（Willmott's Index of Agreement，WIA）对 SVR 优化模型的泛化能力进行衡量，一般认为 WIA > 0.6 时，回归预测模型才能充分发挥预测作用，其表达式为：

$$WIA = 1 - \frac{\sum\limits_{i=1}^{n} (V_{Di} - V_{Di}^0)^2}{\sum\limits_{i=1}^{n} \left(\left| V_{Di}^0 - \frac{1}{n}\sum\limits_{i=1}^{n} V_{Di}^0 \right| + \left| V_{Di} - \frac{1}{n}\sum\limits_{i=1}^{n} V_{Di}^0 \right| \right)^2} \qquad (3-65)$$

式中　V_{Di}^0 ——实际的溃坝尾砂下泄量，m^3；

　　　　V_{Di} ——模型预测的溃坝尾砂下泄量，m^3。

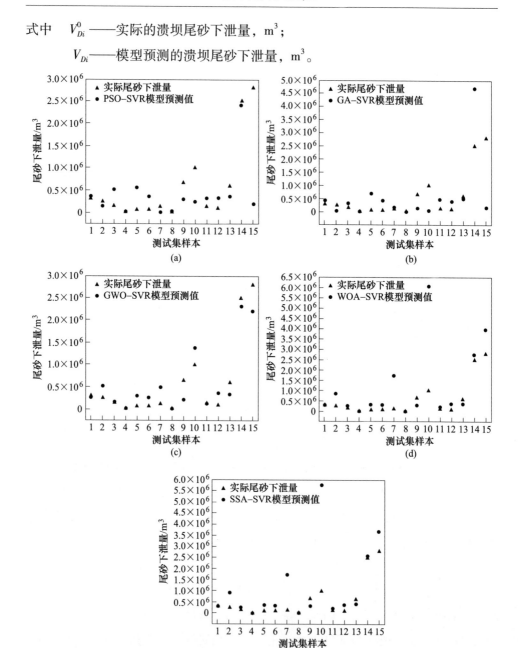

图 3-10　5 种 SVR 优化模型尾砂下泄量预测对比（测试集）

(a) PSO-SVR；(b) GA-SVR；(c) GWO-SVR；(d) WOA-SVR；(e) SSA-SVR

通过式（3-65）可得，GWO-SVR 预测模型的 WIA 值为 0.968，高于其他 4

种优化 SVR 模型的 WIA 值（见表 3-10），GWO-SVR 预测模型泛化能力最佳。

为更好地验证 GWO-SVR 预测模型的回归预测效果，引入平均绝对误差（*MAE*）、均方误差（*MSE*）、平均绝对百分比误差（*MAPE*）等三个评价指标，其表达式分别为：

$$MAE = \frac{1}{n} \sum_{i=1}^{n} \left| V_{Di} - V_{Di}^{0} \right| \tag{3-66}$$

$$MSE = \frac{1}{n} \sum_{i=1}^{n} \left(V_{Di} - V_{Di}^{0} \right)^{2} \tag{3-67}$$

$$MAPE = \frac{1}{n} \sum_{i=1}^{n} \left| \frac{V_{Di} - V_{Di}^{0}}{V_{Di}^{0}} \right| \tag{3-68}$$

根据式（3-66）~式（3-68）及 5 种 SVR 优化模型的预测结果（见图 3-10），各评价指标的计算结果见表 3-10，各评价指标值对比如图 3-11 所示。

表 3-10 各 SVR 优化模型评价指标值对比

SVR 优化模型	模型评价指标值			
	MAE	*MSE*	*MAPE*	WIA
PSO-SVR	0.392	0.539	1.536	0.714
GA-SVR	0.576	0.925	1.836	0.728
GWO-SVR	0.216	0.076	1.007	0.968
WOA-SVR	0.689	2.035	2.254	0.667
SSA-SVR	0.646	1.816	2.250	0.676

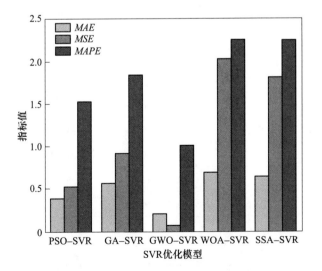

图 3-11 各 SVR 优化模型评价指标对比

结合表 3-10、图 3-11，GWO-SVR 模型的 *MAE*、*MAPE* 值分别为 0.216、1.007，均低于其他 4 种 SVR 优化模型，表现出该模型在尾砂下泄量预测中良好的预测能力。同时，该模型的 *MSE* 值为 0.076，表明其预测稳定性较好。因此，本章采用的 GWO-SVR 模型预测性能最优，能够较为准确地对尾矿库溃坝后的尾砂下泄量进行预测，进而为溃坝事件强度等级划分提供有力支撑。

为进一步检验 GWO-SVR 模型的预测准确性，将其预测结果与 Larrauri 和 Lall（式（3-69））、Rico 等（式（3-70））提出的统计模型进行对比：

$$V_D = 0.332V_T^{0.95} \tag{3-69}$$

$$V_D = 0.354V_T^{1.01} \tag{3-70}$$

式中　V_T——尾矿库库容，$10^6 m^3$；

　　　V_D——预测的尾砂下泄量，$10^6 m^3$。

根据式（3-69）、式（3-70）计算得出的测试集尾矿库样本的溃坝尾砂下泄量见表 3-11，其对比如图 3-12 所示。可以看出，Larrauri 和 Lall 提出的预测模型 *MAE*、*MAPE* 值分别为 1.318、2.893，Rico 等提出的预测模型 *MAE*、*MAPE* 值分别为 1.809、3.556，均大于 GWO-SVR 预测模型的相应指标值，并且两个统计模型的 *MSE* 值也远大于 GWO-SVR 预测模型的 *MSE* 值。再次验证了 GWO-SVR 模型在尾矿库溃坝尾砂下泄量预测中的优势。

表 3-11　GWO-SVR 模型预测结果与统计模型结果对比

现状库容/m³	实际尾砂下泄量/m³	预测尾砂下泄量/m³		
		GWO-SVR 模型	Larrauri 和 Lall	Rico 等
1.000×10^6	0.300×10^6	0.263×10^6	0.332×10^6	0.354×10^6
3.000×10^6	0.250×10^6	0.523×10^6	0.943×10^6	1.074×10^6
0.750×10^6	0.150×10^6	0.163×10^6	0.253×10^6	0.265×10^6
0.037×10^6	0.014×10^6	0.018×10^6	0.014×10^6	0.013×10^6
1.080×10^6	0.070×10^6	0.299×10^6	0.357×10^6	0.383×10^6
1.000×10^6	0.068×10^6	0.263×10^6	0.332×10^6	0.354×10^6
6.360×10^6	0.130×10^6	0.505×10^6	1.925×10^6	2.293×10^6
0.027×10^6	0.017×10^6	0.018×10^6	0.011×10^6	0.009×10^6
0.091×10^6	0.667×10^6	0.222×10^6	0.304×10^6	0.322×10^6

现状库容/m³	实际尾砂下泄量/m³	预测尾砂下泄量/m³		
		GWO-SVR 模型	Larrauri 和 Lall	Rico 等
$47.000×10^6$	$1.000×10^6$	$1.383×10^6$	$12.872×10^6$	$17.291×10^6$
$0.550×10^6$	$0.136×10^6$	$0.132×10^6$	$0.188×10^6$	$0.194×10^6$
$1.250×10^6$	$0.100×10^6$	$0.371×10^6$	$0.410×10^6$	$0.443×10^6$
$1.200×10^6$	$0.600×10^6$	$0.351×10^6$	$0.395×10^6$	$0.426×10^6$
$11.480×10^6$	$2.500×10^6$	$2.327×10^6$	$3.374×10^6$	$4.164×10^6$
$20.00×10^6$	$2.800×10^6$	$2.211×10^6$	$5.716×10^6$	$7.295×10^6$
模型评价指标结果对比	MAE	$0.216×10^6$	$1.318×10^6$	$1.809×10^6$
	MSE	$0.076×10^6$	$10.289×10^6$	$19.614×10^6$
	MAPE	$1.007×10^6$	$2.893×10^6$	$3.556×10^6$

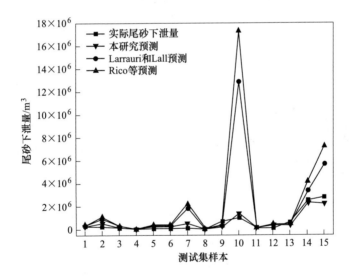

图 3-12 尾矿库溃坝尾砂下泄量对比

3.2.4 事件强度等级

尾矿库溃坝事件强度等级不仅与尾砂下泄量密切相关,也与尾砂最大下泄距离密切关联,尾砂最大下泄距离会很大程度上影响库区下游承灾体的暴露度(将在 3.3 节讨论)。由于本章建立的模型数据库(见表 3-9)中仅有 36 个样本提供了尾砂最大下泄距离,有效数据数量较少,采用计算机手段对尾砂最大下泄距离进行回归预测效果不佳,获取的预测值波动较大。因此在本书中,通过 GWO-

SVR 预测模型获取尾砂下泄量后，参考 Larrauri 和 Lall 提出的方法对尾砂最大下泄距离进行计算，表达式如下：

$$D_{\max} = 3.04 \left(\frac{H_0 V_D^2}{V_T} \right)^{0.545} \tag{3-71}$$

式中　$D_{\max}$——尾砂最大下泄距离，km；

　　　H_0——坝体高度，m；

　　　V_D——GWO-SVR 模型预测的尾砂下泄量，$10^6 \mathrm{m}^3$；

　　　V_T——尾矿库库容，$10^6 \mathrm{m}^3$。

根据研究需要，参考 UNEP 对尾矿库事故的等级划分，将尾矿库溃坝事件强度划分为 4 个等级，见表 3-12。

表 3-12　尾矿库溃坝事件强度等级划分

尾砂下泄量 $V_D/10^6\mathrm{m}^3$ 或最大下泄距离 $D_{\max}/\mathrm{km}$	事件强度等级 I	数值表示
$V_D \geqslant 10$ 或 $D_{\max} \geqslant 50$	I	4
$1 \leqslant V_D < 10$ 或 $10 \leqslant D_{\max} < 50$	II	3
$0.1 \leqslant V_D < 1$ 或 $1 \leqslant D_{\max} < 10$	III	2
$V_D < 0.1$ 或 $D_{\max} < 1$	IV	1

3.3　溃坝承灾体暴露度

在 ISO 发布的《风险管理术语》(ISO Guide 73：2009，Risk Management Vocabulary) 标准中，对暴露这一术语进行了定义，将其表述为组织和/或利益相关者受某事件影响的程度。就尾矿库而言，可通过衡量相关承灾体受尾矿库溃坝负面影响的程度，譬如下游社区居民生命安全、建筑物、基础设施设备、生态环境、社区环境等因素可能遭受的损失，表征尾矿库溃坝的承灾体暴露度。

由于目前尾矿库溃坝承灾体尚未有统一的定义、分类，因此，根据国内外的相关研究工作及工程实践，将溃坝承灾体划分为人员、经济、环境、社会等 4 类，分别建立相应的分级模型，最终实现对溃坝承灾体暴露等级的划分。

3.3.1　人员暴露度

人员暴露度是指研究区域内人员受到可能不利影响的程度。针对溃坝事故，其人员暴露度可采用尾矿库溃坝可能造成的下游及周边区域人员伤亡来表征。暴露人员伤亡的主要影响因素包括：一是溃坝事故的影响范围；二是由尾矿库等别、房屋不坚固系数、居民点密集程度、居民点所处的位置以及居民点与尾矿库的距离来计算尾矿库溃坝后对下游生命损失的影响程度。尾矿库溃坝可能造成的生命损失算法如下：

$$P_D = \sum_{i=1}^{n} K_i P_i \tag{3-72}$$

$$K_i = 0.5 K_g K_{1i} K_{2i} K_{3i} K_{4i} \tag{3-73}$$

式中　　P_D——可能造成的生命损失数；

P_i——受尾矿库溃坝影响，尾矿库下游第 i 个村落居民人数；

K_i——受尾矿库溃坝影响，第 i 个村落的人口死亡率；

K_g——尾矿库等别系数，见表 3-13；

K_{1i}——第 i 个村落居民点密集程度系数，见表 3-14；

K_{2i}——第 i 个村落居民住房房屋的不坚固系数，见表 3-15；

K_{3i}——第 i 个村落所在位置系数，见表 3-16；

K_{4i}——第 i 个村落与尾矿库的距离系数，见表 3-17。

表 3-13　尾矿库等别系数

尾矿库等别	1	2	3	4	5
系数	1	1	0.5	0.1	0.05

表 3-14　居民点密集系数

居民点密集程度	较密集	较分散	分散
系数	1	0.8	0.6

表 3-15　房屋的不坚固系数

房屋结构	钢筋混凝土	钢筋混凝土与砖石	大部分为砖石	砖石与土坯	大部分为土坯
不坚固系数	0.5	0.75	1	1.5	2

表 3-16　居民村落的位置系数

居民村落与	尾矿库等别				
主渠道高差/m	1	2	3	4	5
0~1	1	1	0.9	0.85	0.8
1~2	0.9	0.9	0.8	0.7	0.5
2~4	0.6	0.6	0.5	0.2	0.1
4~6	0.3	0.3	0.1	0.05	0
6~8	0.1	0.1	0.05	0	
8~10	0.05	0.05	0		
>10	0	0			

表 3-17　居民村落与尾矿库的距离系数

居民村落与尾矿库的距离	$L \leqslant 0.75D_{max}$	$0.75D_{max} < L \leqslant 0.5D_{max}$	$0.5D_{max} < L \leqslant 0.25D_{max}$	$0.25D_{max} < L \leqslant D_{max}$
山区系数	1	0.8	0.3	0.1
平原系数	1	0.25	0.05	0.005

在《生产安全事故报告和调查处理条例》(以下简称《条例》)中，根据死亡、重伤人数将生产安全事故分为 4 个等级，本书依据该《条例》对尾矿库溃坝人员暴露度进行分级，见表 3-18。

表 3-18　人员暴露等级划分

重伤人数 P_I/人 或死亡人数 P_D/人	人员暴露等级 E_1	数值表示
$P_I \geqslant 100$ 或 $P_D \geqslant 30$	I	4
$50 \leqslant P_I < 100$ 或 $10 \leqslant P_D < 30$	II	3
$10 \leqslant P_I < 50$ 或 $3 \leqslant P_D < 10$	III	2
$P_I < 10$ 或 $P_D < 3$	IV	1

3.3.2　经济暴露度

尾矿库溃坝的经济暴露度可采用溃坝可能造成的经济损失来衡量，包括直接经济损失和间接经济损失。直接经济损失包括尾矿库自身损失及下游居民住房、工商业资产、水电通信设施以及农作物等能够用货币度量的财产损失。间接经济损失可以看作是除了直接经济损失以外的可用货币衡量的损失，主要是采取各种措施来应对事故造成的负面影响所支出的费用。譬如，对企业职工、当地居民等遇难者及其家属的赔偿，应急救援的各种车辆、人工及物资等支出费用，企业停业停产损失及支持当地重建所需资金支出等。

尾矿库溃坝造成的直接经济损失 E_{eco} 可表示为：

$$E_{eco} = \sum_{i=1}^{m} V_{1i}\beta_{1i} + \sum_{i=1}^{n} V_{2i}\beta_{2i} + \sum_{i=1}^{p} V_{3i}\beta_{3i} + \sum_{i=1}^{q} V_{4i}\beta_{4i} \qquad (3-74)$$

式中　V_{1i}——单位财产及居民财产损失中第 i 类财产的灾前价值，主要为房屋等构筑物，万元；

β_{1i}——单位财产及居民财产损失中第 i 类财产的损失率，%；

m——受尾矿库溃坝影响的单位财产及居民财产总个数；

V_{2i}——基础设施中第 i 类设施灾前价值，万元；

β_{2i}——第 i 类基础设施的损失率，%；

n——受尾矿库溃坝影响的基础设施总个数；

V_{3i}——农林牧渔业中第 i 类财产的灾前价值，万元；

β_{3i}——农林牧渔业中第 i 类财产的损失率，%；

p——受尾矿库溃坝影响的农林牧渔业的总个数；

V_{4i}——工商业中第 i 类行业的灾前净产值，万元；

β_{4i}——工商业中第 i 类行业的损失率，%；

q——受尾矿库溃坝影响的工商业总个数。

各类财产的损失率可参考表 3-19 确定。

表 3-19　承灾体的损失率专家建议汇总表

财产种类	损失率/%								
	崩塌滑坡					泥石流				
	特大型	大型	中型	小型	不分级	特大型	大型	中型	小型	不分级
居民房屋	81.1	79.9	60.7	50.2	59.6	91.6	91.6	70.4	51.0	79.9
居民家居用品	93.1	88.1	68.5	30.0	59.0	97.3	97.1	88.5	83.3	88.4
种养动植物	90.0	89.9	89.7	89.4	89.9	98.4	98.0	93.1	86.8	92.6
农业净资产	91.6	89.5	50.4	21.0	41.2	93.9	88.7	51.0	14.2	60.4
工业净资产	94.2	89.3	49.6	19.9	40.4	91.2	89.3	50.7	12.9	60.2
建筑业净资产	91.6	90.1	51.5	22.9	42.4	93.4	89.2	51.0	13.4	67.6
商业净资产	93.8	89.0	57.6	40.6	52.3	97.1	88.9	49.4	10.4	59.0

续表 3-19

财产种类	损失率/%									
	崩塌滑坡					泥石流				
	特大型	大型	中型	小型	不分级	特大型	大型	中型	小型	不分级
交通运输工具	94.4	89.0	50.6	21.5	42.1	93.8	88.9	51.7	9.9	56.3
铁路	80.0	70.2	53.8	30.1	58.3	93.8	93.2	79.4	20.3	66.5
公路	97.1	82.6	67.2	42.6	66.7	96.7	96.0	94.7	75.1	89.5
医疗卫生净资产	94.4	89.0	51.3	21.7	41.7	93.8	88.8	50.4	12.4	59.3
金融科研机关及附属事业单位	80.9	80.1	61.4	50.2	65.8	93.8	92.6	55.2	14.3	58.3
各类学校净资产	85.2	79.8	60.6	49.8	64.4	94.6	93.3	57.1	22.3	60.8

由于尾矿库溃坝所造成的间接经济损失既包括溃坝次生灾害和衍生灾害所造成的损失，兼具时间性和空间性，计算非常复杂，且与直接经济损失的界限也并非十分明确，因此本书主要采用尾矿库溃坝可能造成的直接经济损失作为分级依据，依据《条例》，尾矿库溃坝的经济暴露等级及赋值见表 3-20。

表 3-20 经济暴露等级划分

经济损失 E_{eco}/万元	经济暴露等级 E_2	数值表示
$E_{eco} \geqslant 10000$	I	4
$5000 \leqslant E_{eco} < 10000$	II	3
$1000 \leqslant E_{eco} < 5000$	III	2
$E_{eco} < 1000$	IV	1

3.3.3 环境暴露度

我国矿产资源共生、伴生矿较多，一些矿石中存在重金属元素、放射性元素，选矿过程中会使用一些无机物、有机物、酸碱腐蚀物等选矿药剂，导致选矿厂排放的尾砂及废水中不可避免地出现悬浮物质、选矿药剂、含硫化矿物、重金属元素及放射性元素等有毒有害物质。尾矿库事故发生后，含有毒有害物质的尾砂及废水下泄到尾矿库下游周边地区，并沉积到沿途地表，流入周边水域，对水体、土壤、大气、生态环境等造成短期甚至长期危害，如图 3-13 所示。

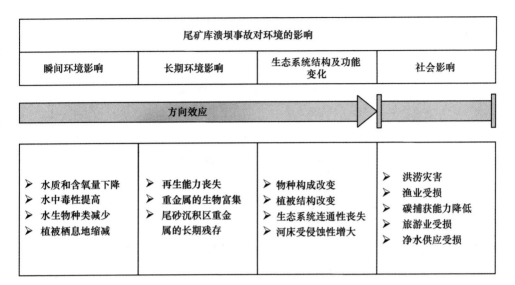

图 3-13 尾矿库溃坝的环境影响

根据澳大利亚大坝委员会（Australian National Committee on Large Dams, ANCOLD）的环境影响分级标准，采用环境影响范围及环境恢复年限两个因素划分环境暴露等级，见表 3-21。

表 3-21 环境暴露等级划分

潜在受影响范围/km²	恢复年限	环境暴露等级 E_3	数值表示
>20	很难恢复或补偿，需很长时间（超过 20 年）的恢复时间	I	4
>20	存在恢复或补偿的可能性，难度很大，需 5~20 年恢复时间	II	3
10~20	需 5 年以上时间恢复	III	2
<10	1~5 年内可恢复	IV	1

3.3.4 社会暴露度

溃坝事故对社会造成的影响损失主要包括对企业信誉的影响，对国家、社会稳定和谐的影响，参考《全球尾矿管理行业标准》（Global Industry Standard on Tailings Management），社会暴露等级划分及赋值见表 3-22。

表 3-22　社会暴露等级划分

影响范围	定性描述	社会暴露等级 E_4	数值表示
国际影响，影响恶劣	超过 5000 人受到商业、服务中断的影响；重要的国家遗产、社区文化资产遭到破坏；人类健康受到长期/严重影响	I	4
全国范围影响，影响严重	超过 1000 人受到商业、服务中断的影响；国家遗产、社区或文化资产遭受重大损失；人类健康受到长期影响	II	3
较大范围影响，影响一般	500~1000 人受到商业、服务中断的影响；区域遗产、娱乐、社区文化资产遭到破坏；人类健康受到短期影响	III	2
局部影响，影响可忽略	一定程度的业务、服务中断；区域遗产、娱乐、社区或文化资产基本未遭受损失；人类健康不受影响	IV	1

3.3.5　承灾体暴露等级

考虑人员、经济、环境及社会等 4 类承灾体的暴露等级及赋值，采用综合因子加权和法计算溃坝的承灾体暴露指数 E_G：

$$E_G = \omega_1 E_1 + \omega_2 E_2 + \omega_3 E_3 + \omega_4 E_4 \tag{3-75}$$

式中　E_1——人员暴露等级赋值；

E_2——经济暴露等级赋值；

E_3——环境暴露等级赋值；

E_4——社会暴露等级赋值；

ω_i——不同类别承灾体的权重，由于当前安全生产"零伤害"理念倡导，因此人员暴露度占比最大，这 4 类承灾体分别被赋予权重 0.5、0.2、0.2、0.1。

则溃坝承灾体暴露指数 E_G 可表示为：

$$E_G = 0.5 \times E_1 + 0.2 \times E_2 + 0.2 \times E_3 + 0.1 \times E_4 \tag{3-76}$$

根据承灾体暴露指数 E_G 的分布情况，本节将溃坝承灾体暴露度划分为 4 个等级，见表 3-23。

表 3-23 承灾体暴露等级划分

定性描述	定量描述	承灾体暴露等级 E_G	数值表示
暴露度极高	(3.25, 4]	I	4
暴露度高	(2.5, 3.25]	II	3
暴露度一般	(1.75, 2.5]	III	2
暴露度低	(0, 1.75]	IV	1

3.4 溃坝风险等级

在尾矿库溃坝风险评价中，区别于只考虑可能性和严重性的传统二维风险矩阵，对其进行深化、改良，将后果严重性细分为事件强度 I 和承灾体暴露度 E 两个指标，即考虑可能性 P、事件强度 I 和暴露度 E 三个维度，如图 3-14 所示。参考二维风险矩阵形式，可能性 P、事件强度 I 和暴露度 E 这三个参数共同作用于尾矿库风险指数 G，其函数关系可表示为：

$$G = f(P, I, E) \tag{3-77}$$

可能性函数：$P = f$（管理缺陷，人的不安全行为，物的不安全状态等）

事件强度函数：$I = f$（溃坝释放的能量）

暴露度函数：$E = f$（人员，经济，环境，社会）

在实际情况中，由于尾矿库规模、地理位置差异，加之各种人员、技术、管理等因素的影响，尾矿库存在或大或小的风险，"零风险"是最理想的状态。在本研究中，将尾矿库实际风险状况与"零风险"之间的偏差，作为度量风险等级的依据。如图 3-14 所示，当这三个维度被赋予数学意义时，可能性 P、事件强度 I、暴露度 E 等级越低，其赋值越小，与目标"零风险"（0，0，0）的偏差也就越小，风险等级越小；反之，这三个维度赋值变大时，其与目标的偏差也就越大，风险等级也就随之提高。

在本研究中，采用类欧式距离法计算尾矿库溃坝风险指数 G：

$$G_{ijk} = \sqrt{(P_i - 0)^2 + (I_j - 0)^2 + (E_k - 0)^2} = \sqrt{P_i^2 + I_j^2 + E_k^2} \tag{3-78}$$

式中 P_i——可能性等级赋值，$i = 1, 2, 3, 4$；

I_j——事件强度等级赋值，$j = 1, 2, 3, 4$；

E_k——暴露度等级赋值，$k = 1, 2, 3, 4$。

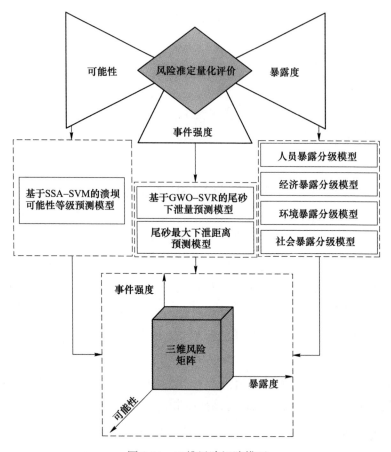

图 3-14 三维风险矩阵模型

依据《中华人民共和国突发事件应对法》《尾矿库安全规程》《标本兼治遏制重特大事故工作指南》(安委办〔2016〕3 号)等相关规章规程、技术标准，结合风险指数分布，将尾矿库溃坝风险等级分为 4 个等级，见表 3-24。

表 3-24 尾矿库溃坝风险等级划分

定性描述	风险指数 G	风险等级
重大风险	[5.5, 7.0)	I
较大风险	[4.5, 5.5)	II
一般风险	[3.5, 4.5)	III
低风险	(0, 3.5)	IV

在三维坐标系中，可分别将 4 级可能性 P、4 级事件强度 I、4 级暴露度 E 作

为坐标的三个维度，结合式（3-78），即可得到溃坝风险等级的三维分布，如图 3-15 所示。其中每个块体代表一种组合，即不同的风险等级。具体而言，红色块体表示对应的 PIE 组合风险指数介于 [5.5，7.0) 之间，风险等级最高，为 Ⅰ级；橙色块体表示对应的 PIE 组合风险指数介于 [4.5，5.5) 之间，风险等级次之，为 Ⅱ级；黄色块体表示对应的 PIE 组合风险指数介于 [3.5，4.5) 之间，风险等级较低，为 Ⅲ级；蓝色块体表示对应的 PIE 组合风险指数介于 (0，3.5) 之间，风险等级最低，为 Ⅳ级。

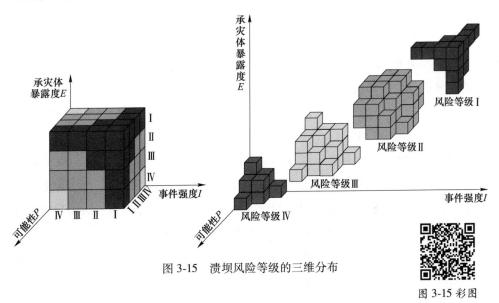

图 3-15 溃坝风险等级的三维分布

图 3-15 彩图

3.5 本 章 小 结

本章基于可能性、事件强度、暴露等三个维度，构建了尾矿库溃坝三维风险矩阵模型，通过以下 4 个主要步骤实现了对溃坝风险的准定量化评价。

（1）溃坝可能性。针对 SVM 多分类预测易受到两个关键参数惩罚参数 C、核函数参数 g 的影响，引入了 SSA 智能算法对 SVM 模型的关键参数进行优化，建立了基于 SSA-SVM 的尾矿库溃坝可能性等级预测模型。在该模型中，尾矿库溃坝可能性等级划分为了 Ⅳ级、Ⅲ级、Ⅱ级、Ⅰ级等 4 个等级，分别代表可能性低、可能性一般、可能性较高、可能性极高。

对于 SSA-SVM 模型的预测性能，其测试集的可能性等级预测准确性达到了

98.36（60/61），高于其他 4 种 SVM 优化模型（PSO-SVM、GA-SVM、GWO-SVM、WOA-SVM）。该模型的 MSE、$RMSE$、$MAPE$、$SMAPE$ 值分别为 0.0164、0.1281、0.0055、0.0047，均小于其他 4 种 SVM 优化模型；R^2 值为 0.9827，与 1 最为接近。对比分析 5 种 SVM 优化模型的 PR、RE、F_1 等三个评价指标的宏值、微平均值，SSA-SVM 预测模型三个评价指标的宏、微平均值均不低于 0.98，高于其他 SVM 优化模型的相应指标值。

（2）溃坝事件强度。在本章中，采用了溃坝尾砂下泄量、尾砂最大下泄距离两个指标衡量溃坝后释放能量的大小，划分了溃坝事件强度的 Ⅳ 级、Ⅲ 级、Ⅱ 级、Ⅰ 级 4 个等级。

基于 SVR 模型良好的回归预测能力，建立了基于 GWO-SVR 的溃坝尾砂下泄量预测模型，用来预测尾砂下泄量。与其他 SVR 优化模型（PSO-SVR、GA-SVR、WOA-SVR、SSA-SVR）相比，GWO-SVR 预测模型的 WIA 值为 0.968，高于其他 4 种优化 SVR 模型，表现出该模型良好的泛化能力。GWO-SVR 预测模型的 MAE、MSE、$MAPE$ 值分别 0.216、0.076、1.007，均低于其他 4 种 SVR 优化模型，表现了该模型在尾砂下泄量方面较好的回归预测能力。受限于尾砂最大下泄距离可靠数据较少，基于预测的尾砂下泄量、坝高、库容等参数与尾砂最大下泄距离间的关系式，实现了对尾砂最大下泄距离的预测。

（3）承灾体暴露度。尾矿库作为高位人造泥石流，一旦溃坝不仅会危害下游居民财产，也会破坏周边生态环境，甚至造成社会的不稳定。因此，本章选取了人员、经济、环境、社会等 4 类承灾体，并根据不同类别的承灾体建立了相应的等级划分模型，最终通过综合因子加权和法计算了承灾体暴露指数，根据其分布，将承灾体暴露度划分为了 Ⅳ 级、Ⅲ 级、Ⅱ 级、Ⅰ 级 4 个等级，分别表示暴露度低、暴露度一般、暴露度高、暴露度极高。

（4）风险等级。在获取了溃坝可能性等级、事件强度等级、承灾体暴露等级后，运用类欧氏距离法，得到了尾矿库溃坝风险指数。进而根据其风险指数分布，将溃坝风险等级划分为了 Ⅳ 级、Ⅲ 级、Ⅱ 级、Ⅰ 级 4 个等级，分别表示低风险、一般风险、较大风险、重大风险。

4 尾矿库风险预控方法

尾矿库作为一个持续动态变化的尾矿贮存设施，其隐患、风险也是动态变化的。而对于不同的尾矿库，其地理位置、地质条件、技术水平、运行管理等因素不同，其风险预控的需求也有所区别。《全球尾矿管理行业标准》及其补充性文件《实现零伤害》（Towards Zero Harm）指出尾矿库事故属于灾难性事故，其对人类和环境造成的极端后果均不可接受。矿山企业须对致死事故零容忍，且须从尾矿库设计时就采取必要的措施实现对人类和环境的"零伤害"。矿山企业还应运用新的技术和方法，尽可能降低风险并在出现意外时将后果危害降到最低。因此，给出合理可行的风险预控方法，保障尾矿库的安全稳定十分必要。

考虑溃坝隐患间演化的 X 条途径，影响因素耦合形成隐患、隐患失控演化成事故（件）、事故失控造成灾害等 3 个阶段，风险的 4 个等级，消除、替代、工程含隔离、管理含监测、个体防护等 5 个层级，给出尾矿库"X-3-4-5"风险预控方法如图 4-1 所示。该风险预控方法能够针对尾矿库的不同风险预控需求提供具体化、定制化的措施，使其与技术、经济及社会发展相适应。

4.1 隐患演化的多途径

根据第 2 章中建立的尾矿库溃坝隐患 AISM 模型（见图 2-8）可知，溃坝隐患被划分为了 19 个级次，不同级次间隐患存在的因果关系构成了隐患演化间的多（X）途径。

以安全超高或干滩长度不足为例，说明隐患间演化的 X 途径。如图 4-2 所示，调洪库容不足导致安全超高或干滩不足，进而引起浸润线超高、漫顶等。直观地看，从其他隐患演化为安全超高或干滩长度不足的途径有 3 条，而从安全超高或干滩长度进一步演化为其他隐患的途径有 2 条。若采取一定的风险预控措施，保证安全超高或干滩长度满足标准要求，其到浸润线超高、漫顶的演化途径也就被阻断了，能够有效避免不期望事件进一步演化。

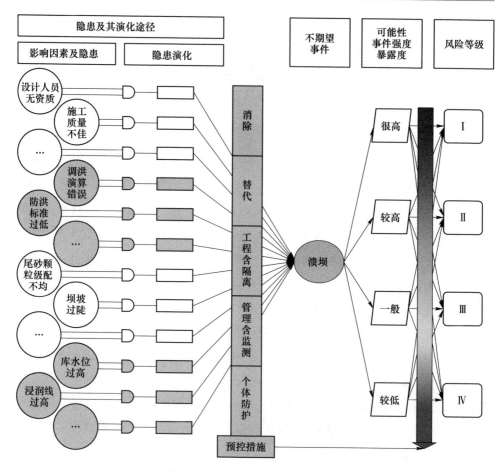

图 4-1　尾矿库风险预控方法框架

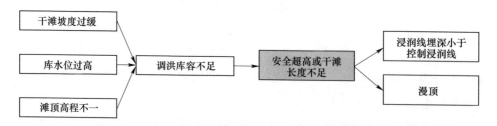

图 4-2　安全超高或干滩长度不足隐患演化 X 途径

就干滩坡度过缓、库水位过高、滩顶高程不一等隐患演化为安全超高或干滩长度不足的 3 条演化途径而言，每一条演化途径均会涉及其他若干条演化途径。

（1）干滩坡度过缓→调洪库容不足→安全超高或干滩长度不足。干滩坡度过缓主要是由于放矿不合理导致的，而尾矿库企业在生产运行过程中对事故隐患排查治理不及时会导致放矿不合理这一隐患。直观地看，在图4-3中，放矿支管流速过快、放矿支管破损未及时发现或更换、未按设计于库前均匀放矿、长期独头放矿、放矿支管开启太少、冬季未按照设计要求采用冰下放矿作业等6种隐患，都能够演化为干滩坡度过缓这一隐患，即从其他隐患演化为干滩坡度过缓存在6条演化途径，每一条途径都可最终演化为安全超高或干滩长度不足这一隐患，譬如"放矿支管流速过快→放矿不合理→干滩坡度过缓→调洪库容不足→安全超高或干滩长度不足""未按设计于库前均匀放矿→放矿不合理→干滩坡度过缓→调洪库容不足→安全超高或干滩长度不足"。

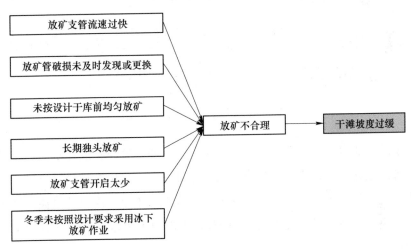

图4-3 干滩坡度过缓隐患演化X途径

若针对放矿不合理这一隐患采取相应的风险预控措施，就能够阻断其演化为干滩坡度过缓隐患，保证干滩坡度满足设计要求，进而保证足够的调洪库容及符合标准规范的安全超高和干滩长度。针对放矿不合理的预控措施包括不限于：

1）按设计要求于库前分散均匀放矿，并根据放矿需要及时调整放矿点，保证滩面平整，避免出现侧坡、扇形坡等起伏不平现象。

2）按设计要求打开放矿支管，严禁独头放矿。

3）调节放矿管处阀门，避免尾矿浆在放矿支管内流速过快，降低尾矿对滩面的冲刷。

4）放矿时应有专人负责管理，勤巡视、勤检查，发现问题及时汇报、处理。

（2）库水位过高→调洪库容不足→安全超高或干滩长度不足。库水位过高主要是由于库区违规蓄水，排洪能力不足，设计以外的尾矿、废料或废水进库等隐患导致的，而排洪设施设计不当、排洪设施结构破坏、排洪设施堵塞则会导致排洪能力不足这一隐患。直观地看，在图 4-4 中，从其他隐患演化为库水位过高存在 3 条途径，每一条途径都可最终演化为安全超高或干滩长度不足这一隐患，譬如"安全生产规章制度、操作规程不完善→库区违规蓄水→库水位过高→调洪库容不足→安全超高或干滩长度不足"。

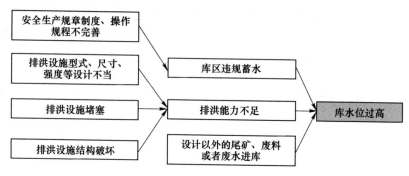

图 4-4　库水位过高隐患演化 X 途径

对于排洪能力不足，也存在 3 条演化途径，即排洪设施设计不当、排洪设施堵塞、排洪设施结构破坏这 3 种隐患均可通过一定的演化途径最终导致安全超高或干滩长度不足，譬如"排洪设施堵塞→排洪能力不足→库水位过高→调洪库容不足→安全超高或干滩长度不足"。针对排洪能力不足这一隐患的预控措施包括不限于：

1）定期检查排洪设施拦污栅、进水口或构筑物内部是否有树枝、杂草、泥沙等淤堵物，一旦发现及时清理。

2）检查排洪设施是否存在变形、位移、损毁、磨蚀等现象，发现问题及时上报处理。

3）汛前、汛后、震后应对排洪设施进行全面检查清理，发现问题及时处理。

（3）滩顶高程不一→调洪库容不足→安全超高或干滩长度不足。滩顶高程不一主要是由于放矿不合理、未经技术论证，子坝拦洪、坝面维护设施设置不当这 3 种隐患导致的。直观地看，在图 4-5 中，从其他隐患演化为滩顶高程不一存在 3 条途径，每一条途径都可最终演化为安全超高或干滩长度不足这一隐患，譬如"放矿不合理→尾矿浆及库内存水运动→滩顶高程不一→调洪库容不足→安全超高或干滩长度不足"。而对放矿不合理这一隐患，如图 4-3 所示，由其他隐患演化为放矿不合理存在 6 条演化途径，这也延展、增加了滩顶高程不一这一隐患的演化途径。在尾矿库生产运行过程中，采取有效的预控措施避免放矿不合理，譬如调节阀门，避免放矿支管内尾矿浆流速过快冲刷滩面；按设计要求分散均匀放矿，严禁独头放矿等，均能保证滩顶高程一致，进而保证足够的调洪库容，确保安全超高和干滩长度满足标准要求。

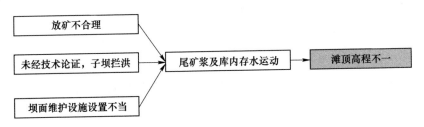

图 4-5　滩顶高程不一隐患演化 X 途径

4.2　事故演化的多阶段

在第 2 章中，基于 MICMAC 模型分析，依据各隐患具体的演化关系强度（驱动力值和依赖度值），将隐患归属为 3 个象限，分别为自主象限隐患、依赖象限隐患、独立象限隐患。其中，独立象限隐患基本置于 AISM 模型的较低级次，驱动力值较高，能够推动其他隐患的演化，即"影响因素耦合形成隐患"。自主象限隐患基本置于 AISM 模型的中间级次，隐患间演化关系强度较高，处于该象限的隐患易沿着多个演化途径进一步演化，甚至导致事故，即"隐患失控演化成事故（件）"。依赖象限隐患基本置于 AISM 模型的较高级次，依赖度值较高，是导致溃坝事故、造成后果灾害的直接原因，即"事故失控造成灾害"。

因此，基于上述结果，可将溃坝事故的演化过程划分为 3 个阶段，即"影响因素耦合形成隐患→隐患失控演化成事故（件）→事故失控造成灾害"，如图 4-6 所示。在进行风险预控时，可根据隐患处于演化阶段不同而采取合适的预控措

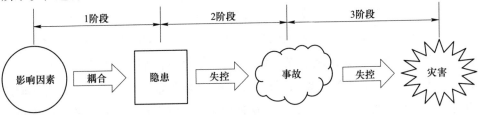

图 4-6　溃坝事故演化的 3 个阶段

施。譬如，对于处于第 1 阶段的隐患，可只针对该隐患采取预控措施，阻断其向 2、3 阶段演化，而对于 2 阶段的隐患，不仅要考虑该阶段隐患的预控措施，还要考虑与其存在演化关系的 1 阶段的隐患排查、治理，防患于未然。

（1）影响因素耦合形成隐患。处于这一阶段的隐患既包括尾矿库相关工作人员等个体的不安全行为也包括企业组织的不安全行为。管理的缺陷、人的不安全行为对尾矿库生产安全的影响，是导致溃坝事故的主要因素。

就个体的不安全行为而言，其受到生理与心理状态以及外在因素支配，及安全意识水平的调节。及时采取风险预控措施，预防和减少人的不安全行为能够有效地提高现场作业及管理人员的行为安全。相应的措施包括不限于：

1）尾矿工作为特种作业人员应持证上岗。

2）持续开展安全教育及培训，提高安全意识，明确安全隐患与常见违法违章行为。

3）加强过程监控检查，杜绝不良安全行为习惯。

4）推进全员安全生产责任制，全员参与安全生产管理。

5）实施奖惩机制，将人员行为与其切身利益关联。

对于尾矿库企业组织的不安全行为，相应的风险预控措施包括不限于：

1）尾矿库企业应建立相应的安全生产管理机构，配备相应的管理、技术人员或具有相应能力的人员。

2）基于法律法规、规章制度、标准指南、规范规程等制度规范，针对不同岗位的各类隐患，将操作规程、验收要求、安全措施等制度化、规范化，并做到持续更新改进。

3）建立健全安全生产责任制等制度规范。

4）定期对尾矿库稳定性进行评价。

5）建立隐患排查治理制度，及时治理、消除隐患。

6）企业应保障尾矿库安全生产所必需的资金投入。

（2）隐患失控演化成事故（件）。这一阶段的隐患均为物的不安全状态，即尾矿库自身技术参数、状态等存在异常，也包括了影响尾矿库安全稳定运行的生产环境不良因素。譬如，尾矿坝筑坝方式不佳、坝体结构尺寸不佳、库水位过高、干滩长度不足、浸润线埋深不足、排水构筑物失效、监测设备失效等尾矿库自身技术参数、状态存在风险，不能保障尾矿库的安全稳定运行。若尾矿库出现库水位过高、干滩长度不足等隐患，很容易造成漫顶事故；同时也会引起浸润线埋深不足，进一步导致渗流事故。

因此，需要采取适当的风险预控措施来改善物的不安全状态，具体措施包括不限于：

1）聘请具备资质经验的团队对尾矿库进行设计、施工等。

2）选择合适的筑坝方式及筑坝材料。

3）严格按设计要求施工，保障尾矿坝、排水构筑物施工质量。

4）加强安全监测，确保相关参数处于受测受控状态等。

（3）事故失控造成灾害。在发生溃坝事故后，若采取的措施不当很容易造成灾害扩大，产生一些额外的伤亡、损失。发生事故后，现场相关人员应准确判断事故情况，做好自身防护并及时脱离险境、施救自救，同时应及时向相关安全管理人员、值班领导、主要负责人等报告险情。需采取的措施包括不限于：

1）立即撤离危险区域，撤离时向尾矿库沟岸两侧高处撤离，不能沿顺沟方向撤离，以免造成额外伤亡。

2）向上级部门报告，按照指令停止尾矿排放。

3）保证自身安全的前提下，组织、协助受威胁的周边群众撤离。

4）采取拆除排洪斜槽盖板、排水井拱板，开挖临时溢洪道，水泵或虹吸管排水等措施，降低库内水位。

4.3　溃坝风险的多等级

风险预控应综合考虑风险对社会的影响、潜在的经济损失及环境影响，以及当前企业的自身能力、行业发展技术等因素，进而制定合理可行的预控措施。若制定的预控措施不足，溃坝事故频发，易引发社会的不满；反之，若制定的预控措施过当，为一个极不可能发生的风险投入过多，容易造成资源浪费，增加尾矿库企业的成本。因此，本书提出的风险预控方法也兼顾了溃坝风险的多（4）个等级。

具体而言，如图4-7所示，对于溃坝风险等级为Ⅰ级的尾矿库，不予接受，必须消除或控制风险源。生产经营单位应立即停产，启动应急预案，进行抢险。对于溃坝风险等级为Ⅱ级的尾矿库，立即停产，生产经营单位应制定并实施重大事故隐患治理方案，消除事故隐患。对于风险等级为Ⅲ级的尾矿库，其风险是可忍受的，应在限定时间内进行整治，消除事故隐患。对于溃坝风险等级为Ⅳ级的尾矿库，其风险均在可接受范围内，正常情况下，不需要采取额外的风险预控措施。但需采取一些监测、监控措施，确保尾矿库风险等级能够保持在Ⅳ级。

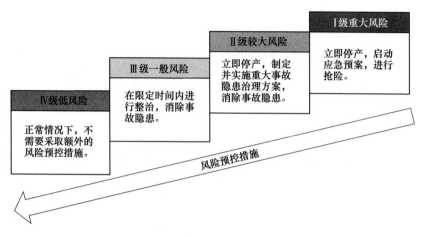

图 4-7　溃坝风险的 4 个等级

4.4　风险预控的多层级

为有效预控尾矿库溃坝风险，考虑尾矿库不同安全需求、预控资源及能力、预控措施复杂及难易程度等因素，依据法律法规、标准规范、案例经验、安全管理技术、常规控制措施等，制定不同层级的风险预控措施。

参考《金属非金属矿山安全标准化规范尾矿库实施指南》（AQ/T 2050.4—2016），本书从消除（EL），替代（SU），工程含隔离（EI），管理含监测（AM），个体防护（PPE）等多（5）个层级提出风险预控措施，其对风险的预控效果逐渐降低，如图 4-8 所示。

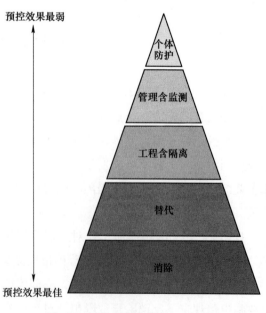

图 4-8　风险预控措施的 5 个层级

基于上述 5 个预控层级，参考附录中的证据清单，提出具体的风险预控措施，见表 4-1~表 4-5。

表 4-1 尾矿库溃坝风险预控措施清单（消除层级）

序号	具体预控措施
EL1	尾矿库（新建、改建、扩建等）安全设施须与主体工程同时设计、同时施工、同时投入生产和使用
EL2	建立健全尾矿库全员安全生产责任制，明确安全生产责任
EL3	建立健全安全生产规章制度
EL4	制定作业安全规程和各岗位、工种操作规程
EL5	建立相应的安全生产管理机构或配备相应的安全管理、技术人员
EL6	保证尾矿库安全生产必需的资金投入
EL7	建立健全风险分级管控体系及隐患排查治理制度
EL8	聘请资质齐全、经验丰富的勘察、设计单位进行地质勘察、尾矿库设计
EL9	尾矿库选址应避免不良工程、水文地质条件
EL10	尾矿库不应选址在法律法规禁止的区域
EL11	尾矿库不应选址在失事导致下游遭受严重威胁的区域
EL12	尾矿库不应选址在风景名胜区、自然保护区、水源保护区等区域
EL13	查明不良地质体，提出有效治理建议
EL14	坝体结构尺寸设计满足标准规范要求
EL15	尾矿坝应进行渗流计算，分析放矿、雨水等对浸润线的影响
EL16	一、二等尾矿坝的渗流应按三维数值模拟或物理模型试验确定
EL17	满足静力、动力稳定性要求，抗滑稳定性系数满足相关标准要求
EL18	设计的防洪标准满足标准规范要求
EL19	设计的排洪构筑物型式、尺寸等满足防洪安全要求
EL20	排洪构筑物进行结构计算，满足水工建筑物设计规范要求
EL21	排渗设施型式、位置、尺寸等满足标准规范要求
EL22	建立在线监测系统，三等及以上尾矿库设置人工监测与在线监测相结合的监测设施
EL23	设计必要的监测项目及设施，定期进行监测
EL24	施工单位具备相应的施工资质
EL25	尾矿库施工应按设计和施工图进行
EL26	尾矿库施工应做好施工组织设计及施工方案，合理安排施工顺序
EL27	尾矿库施工材料应符合设计要求和产品标准
EL28	严格按设计要求进行子坝堆筑
EL29	反滤层施工时，防止反滤料颗粒分离及杂物混入

序号	具体预控措施
EL30	反滤层的材料、级配、不均匀系数等应满足设计要求
EL31	反滤层内不得设置纵缝
EL32	排洪构筑物基础避免设置在工程地质条件不良或填方地段
EL33	排洪构筑物基础应置于有足够承载力的地基上
EL34	排洪构筑物不得直接坐落在尾矿沉积滩上
EL35	避免在排洪构筑物上方、周边施加不均匀或集中载荷
EL36	按设计要求进行坝坡维护工作
EL37	堆积坝平均堆积外坡比不得陡于 1∶3
EL38	严禁超库容存储尾砂
EL39	严格按设计要求进行放矿，做好放矿记录
EL40	严禁放矿时矿浆沿子坝坡脚流动冲刷坝体
EL41	非紧急情况，未经技术论证，不得采用常规子坝挡水
EL42	严禁尾矿库违规蓄水
EL43	严禁设计外尾砂、废水、废弃物等入库
EL44	尾矿坝上和库内不得建设与尾矿库运行无关的建、构筑物
EL45	不得在库区进行乱采、滥挖、非法爆破等违规作业

由表 4-1 可知，通过各种措施直接消除作业、生产运行中存在的隐患，旨在从根本上消除隐患，是最为直接和有效的风险预控方式。本书给出的风险消除措施主要是保证尾矿库相关制度规范的完整，譬如符合"三同时"制度（EL1）、建立健全尾矿库相关安全生产规章制度、操作规程等（EL3、EL4），也包括了保证尾矿库设计质量的一些措施，譬如设计的坝体结构尺寸、排洪构筑物等满足标准规范的要求（EL14、EL19）、进行渗流计算及动静稳定性分析（EL15、EL17）等。

表 4-2　尾矿库溃坝风险预控措施清单（替代层级）

序号	具体预控措施
SU1	提高招聘时对员工学历、专业、工作经历等要求
SU2	上游式尾矿库宜采用透水型初期坝
SU3	根据特小汇水面积进行洪水计算
SU4	选用最新的、正确的相关参数进行洪水计算
SU5	采用水量平衡法进行调洪演算

续表 4-2

序号	具体预控措施
SU6	渗流计算时考虑渗透系数的各向异性
SU7	地震设计烈度为Ⅷ、Ⅸ度时，初期坝选用土石料筑坝
SU8	在坝体填筑前，自上而下一次完成坝基和岸坡的开挖清理工作
SU9	对高坝，按年度分阶段进行坝基和岸坡的开挖清理工作
SU10	尽量避开雨季、冬季筑坝，在日温较高的时段筑坝
SU11	选用粗颗粒尾砂堆筑子坝
SU12	利用高分子材料改良尾砂力学性能
SU13	采用分级尾砂模袋法筑坝
SU14	选用合适的监测仪器、设施

从表 4-2 中可以看出，当隐患无法消除时，可采用危害低的材料、技术、工艺等替代原有的材料、技术、工艺，降低尾矿库风险。本书给出的风险替代措施包括提高招聘时对员工的职业素质要求（SU1），以提高尾矿库相关工作人员的安全意识、责任意识等。

表 4-3　尾矿库溃坝风险预控措施清单（工程含隔离层级）

序号	具体预控措施
EI1	负温施工时，应测量气温、土温、风速等参数
EI2	宜采取分段筑坝、连续作业
EI3	筑坝前应清除筑坝材料中的冻块
EI4	春季化冻后应对坝体进行全面检查，修补压实塌陷松散部位
EI5	妥善处理坝基、岸坡处的泉眼、水井、地道、洞穴等
EI6	按设计要求清除坝基和岸坡表层的粉土、细砂、淤泥等
EI7	易风化崩解的坝基和岸坡岩石、土层，开挖后未及时回填的，留保护层或喷水泥砂浆、混凝土保护
EI8	坝基和岸坡结合处设置截渗设施
EI9	坡脚设置反压和滤水设施
EI10	反滤料宜在挖装前洒水
EI11	子坝堆筑前严格按设计测量放样，并按放样线堆筑
EI12	子坝堆筑时按设计于坝前分层取粗尾砂
EI13	子坝堆筑结束后，及时修整子坝坝面
EI14	子坝分层填筑，碾压密实
EI15	采用导流槽或软管将矿浆在远离坝顶处排放，尽快形成滩面

序号	具体预控措施
EI16	调节放矿支管位置、长度
EI17	增加放矿调节阀门开启数量，降低管内流速
EI18	分级分区放矿，粗颗粒尾砂优先在坝前排放，细颗粒尾砂在库内排放
EI19	坝前均匀放矿，根据需要调整坝前放矿位置
EI20	分段、交替放矿
EI21	冰冻期采用滩面冰下集中放矿
EI22	坝肩修筑截洪沟
EI23	坡面修筑人字沟或网状排水沟
EI24	采用碎石、废石或山坡土覆盖坡面
EI25	坡面植草或灌木类植物
EI26	及时清理坝坡排水沟、坝肩截水沟内的树枝、石块、泥土等淤堵物
EI27	对存在开裂、破损的坝坡排水沟、坝肩截水沟及时进行修补加固
EI28	子坝外坡过陡时，将下一级子坝向库内后退堆筑
EI29	对坝坡进行削坡、放缓坝坡
EI30	对于集中渗漏，可采取袋装粗尾砂封堵、自流管水泥砂浆或注浆法封堵
EI31	库区渗漏时，设置垂直防渗墙、防渗帷幕等
EI32	对于坝体稳定塌陷坑，回填夯实
EI33	对于管涌塌坑，查明原因进行治理，应急处理时可直接回填
EI34	在渗水部位和沼泽区，铺设土工织物或天然反滤料，采用堆石料压坡
EI35	对于浅层裂缝，开挖回填
EI36	坝面出现冲沟时，以土、石分层夯实填平，增设坝坡排水沟
EI37	坝体出现裂缝时，查明原因，进行坝体变形加固治理
EI39	初期坝下游增设土石料压坡
EI40	增设抗滑桩加固初期坝
EI41	振冲加固初期坝及坝基
EI42	振冲挤密法加固砂型尾矿堆积坝
EI43	振冲碎石桩法加固黏性尾砂堆积坝
EI44	铺设筋材，提高坝体抗震性
EI45	将排水设施排水口全部打开，保持排洪畅通
EI46	采用水泵、虹吸管排水等措施，降低库水位
EI47	两侧坝肩开挖临时溢洪道
EI48	及时清理排洪构筑物进出水口处杂草、树枝、石块等杂物
EI49	库内设置水位标尺，标明正常运行水位和警戒水位

序号	具体预控措施
EI50	必要时停止排尾，降低库水位
EI51	排洪设施终止使用时及时进行封堵
EI52	在建设期，在堆积坝坝基范围内设置水平和垂直排渗系统
EI53	在运行期，随坝体升高适时设置排渗管、排渗井等排渗设施
EI54	增设排渗管、辐射排渗井等排渗设施
EI55	在尾矿堆积坡脚处设置贴坡排渗体或排渗盲沟等
EI56	在液化段坝坡增加石料护坡
EI57	对表层液化土层进行置换
EI58	采用碎石、砂桩处理坝体液化段
EI59	及时对被破坏的监测点或线路进行修复
EI60	坝肩及基岩断层带、坝内埋管处必要时加设监测设施
EI61	在溃坝影响范围内设置声光警报装置，定期进行测试
EI62	标明危险区域，划定警戒区域，非必要人员禁止入内
EI63	建立阻挡围墙，容纳下泄尾砂，防止尾砂进一步扩散
EI64	添加化学药剂到受下泄尾砂影响的水体、土壤中

由表 4-3 可知，通过各种工程技术手段，包括将隐患与人的生产作业活动隔离，尽量消除或减少危害。本书给出的工程含隔离措施主要针对尾矿库建设期、运行期的隐患，譬如坝肩修筑截洪沟（EI22）、坡面修筑人字沟或网状排水沟（EI23）、采用碎石、废石或山坡土覆盖坡面（EI24）、坡面植草或灌木类植物（EI25）等加强坝坡维护的工程措施；全部打开排洪设施排水口（EI45）、采用水泵/虹吸管排水（EI46）、两侧坝肩开挖临时溢洪道（EI47）等降低库水位的工程措施。

表 4-4　尾矿库溃坝风险预控措施清单（管理含监测层级）

序号	具体预控措施
AM1	定期组织安全生产教育培训
AM2	设立奖惩机制
AM3	尾矿库应每 3 年至少进行一次安全现状评价
AM4	企业自身每季度对尾矿库进行一次隐患排查治理，汛期增加排查次数
AM5	聘请专家每年对尾矿库进行一次隐患排查治理
AM6	重视尾矿库选址，加强地质勘察工作
AM7	雪天应停止反滤层铺筑，并对其进行遮盖

序号	具体预控措施
AM8	制定子坝堆筑安全管理制度和操作规程
AM9	放矿时由专人管理，不得离岗
AM10	制定库水位安全管理制度和操作规程
AM11	监测库区降水量，绘制降水量曲线及对应的库水位升高最大值变化曲线
AM12	定期对排洪设施进行检查、维护、疏浚，发现隐患及时处理，尤其是汛期、震后，加大管理力度
AM13	加强对排洪构筑物进出水口处的视频监控，发现异常及时上报、处理
AM14	汛前进行调洪演算，保证最小安全超高和干滩长度满足标准要求
AM15	加强对安全超高、干滩长度的监测，发现异常及时上报、处理
AM16	制定渗流控制措施和排渗设施安全管理制度
AM17	加强对坝体浸润线埋深的监测，发现异常及时上报、处理
AM18	监测设施布置应全面反映尾矿库运行状态
AM19	及时对监测数据进行分析、处理
AM20	真实客观记录、存储监测数据
AM21	加强对库区及周边人类活动的监管工作
AM22	制定尾矿库防震与抗震安全管理制度
AM23	定期检查周边山体，发现山体滑坡、塌方、泥石流等现象及时上报、处理
AM24	加强日常检查，发现打洞营穴及时上报、处理
AM25	及时发出警报，进行疏散撤离
AM26	掌握可能受溃坝影响的周边区域及其人口分布地图
AM27	根据最新标准规范，实时更新应急预案
AM28	掌握最新的紧急通知流程
AM29	对溃坝影响范围内的相关人员进行应急培训和演习
AM30	掌握最新的应急救援计划
AM31	组织多方力量（消防人员、警察、公益组织等）进行应急救援
AM32	保障应急救援所需的物资
AM33	及时启动应急预案，组建应急指挥队伍
AM34	通过相关类别的保险降低溃坝造成的经济损失
AM35	保障消减环境影响所需的物资
AM36	与周边社区、媒体、投资者等建立有效的沟通渠道
AM37	实时发布真实的溃坝事故情况
AM38	发言人应具备相应的技能并定期参加培训
AM39	实时更新尾矿库企业内部危机处置文件
AM40	定期组织危机处置演练和培训

由表4-4可知，从尾矿库安全管理、在线监测的角度进行风险预控，保障尾矿库安全运行。本书给出的管理含监测措施主要包括组织安全生产教育培训（AM1），建立健全各岗位规章制度（AM8、AM10等），加强对库水位（AM11）、安全超高（AM15）、干滩长度（AM15）、浸润线（AM17）等状态的监测。

表 4-5 尾矿库溃坝风险预控措施清单（个体防护层级）

序号	具体预控措施
PPE1	定期参加安全生产教育培训
PPE2	定期参加应急培训和演习
PPE3	遇到紧急情况时，正确选择疏散撤离路线

由表4-5可知，在作业人员个体上建立防护屏障，利用自身防护设备使得现场作业人员在生产中避免与隐患因素直接接触。本书给出的个体防护措施主要包括参加安全生产教育培训、参加应急培训和演习、正确选择疏散撤离路线等。但由于尾矿库溃坝事故瞬时释放出大量急速的泥石流，个体防护措施的预控效果是最弱的。

4.5 风险预控措施决策分析

在尾矿库实际的风险预控过程中，通常考虑多种措施并举，对风险进行综合预控。但受限于经济、时间等条件，需要对预控措施进行排序，采取最优措施以最大程度地防范风险，提升尾矿库风险管理水平，同时兼顾经济合理、技术可行的要求。本书提出一种BT-C-TODIM模型对尾矿库风险预控措施进行定量分析以便决策者进行决策，其分析流程如图4-9所示。基于BT模型，考虑隐患及其演化关系、事故后果，给出针对性地预控措施，实现隐患演化及风险预控的可视化；基于C-TODIM模型，定量地对各预控措施或其组合进行排序，实现风险预控措施的排序及决策。

4.5.1 基于 BT 的尾矿库风险预控模型分析

Bow-tie（BT）模型是澳大利亚昆士兰大学首次提出的风险分析模型。该模型能够针对某一事故的原因、结果以及事故演化过程中的预控措施，以领结图的形式刻画事故情景，如图4-10所示。

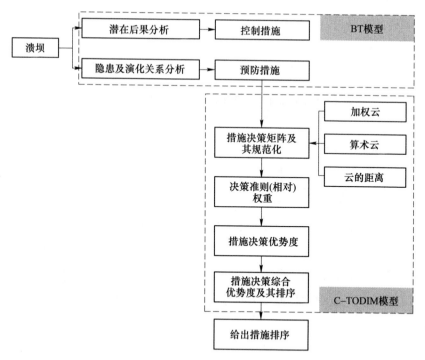

图 4-9　基于 BT-C-TODIM 的风险预控措施决策分析

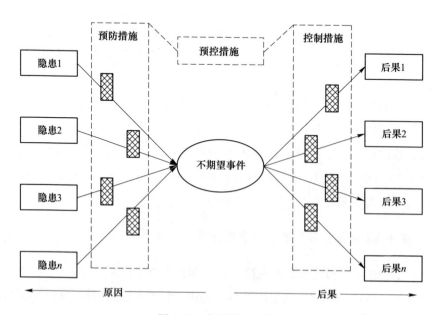

图 4-10　典型的 BT 模型

BT 模型包括 5 个要素：事故原因、事故前预防措施、事故、事故后的控制措施以及事故后果。基于这 5 个要素，构建 BT 模型的具体步骤包括：确定顶事件，识别要分析的不期望事件；原因分析，确定造成不期望事件的隐患；识别隐患之间的演化途径，确定预控措施；分析顶事件造成的潜在后果；确定不期望事件的应急消减措施；绘制 BT 模型。

基于第 2 章的隐患辨识及演化关系分析结果，本节选取若干条演化途径，考虑表 4-1~表 4-5 的风险预控措施，给出溃坝前的隐患预防措施与溃坝后的控制措施，建立不同演化途径的 BT 模型，实现隐患演化及风险预控的可视化。

（1）演化途径 I。不符合"三同时"制度 7/安全生产责任制不健全 8/安全生产规章制度、操作规程不完善 9→安全资金投入不足 12→未按国家规定配备专职安全生产管理人员、专业技术人员和特种作业人员 10→事故隐患排查治理不到位 14→排洪设施结构破坏 85→排洪能力不足 81→库水位过高 75→调洪库容不足 80→安全超高或干滩长度不足 76→浸润线埋深小于控制浸润线埋深 77→坝体出现严重的管涌、流土变形等现象 62→坝体抗滑稳定性不佳 64→滑坡 112→溃坝 116。构建的 BT 模型如图 4-11 所示。在图 4-11 中，包括 16 种隐患及其构成的一条演化途径，以及 18 种消除措施、28 种工程含隔离措施、26 种管理含监测措施、2 种个体防护措施。

（2）演化途径 II。设计单位无资质 1→未进行抗滑稳定性计算 24→坝体结构尺寸设计不佳 21→坝坡过陡 54→坝体超过设计坝高或超库容存储尾砂 57→坝体出现贯穿性裂缝、坍塌、滑动迹象等 61→坝体存在漏矿通道 58→坝体集中渗漏 59→坝体出现大面积纵向裂缝，且出现较大范围渗透水高位出逸或大面积沼泽化 63→渗流 114→溃坝 116。构建的 BT 模型如图 4-12 所示。在图 4-12 中，包括 11 种隐患及其构成的一条演化途径，以及 9 种消除措施、17 种工程含隔离措施、16 种管理含监测措施、2 种个体防护措施。

（3）演化途径 III。施工单位无资质 2→施工中任意变更设计参数 5→未按设计或规范要求施工 3→坝体碾压、夯实不佳 48→坝体存在软弱夹层 50→坝体渗透性不佳 60→坝体出现严重的管涌、流土变形等现象 62→渗流 114→溃坝 116。构建的 BT 模型如图 4-13 所示。在图 4-13 中，包括 9 种隐患及其构成的一条演化途径，以及 6 种消除措施、1 种替代措施、17 种工程含隔离措施、16 种管理含监测措施、2 种个体防护措施。

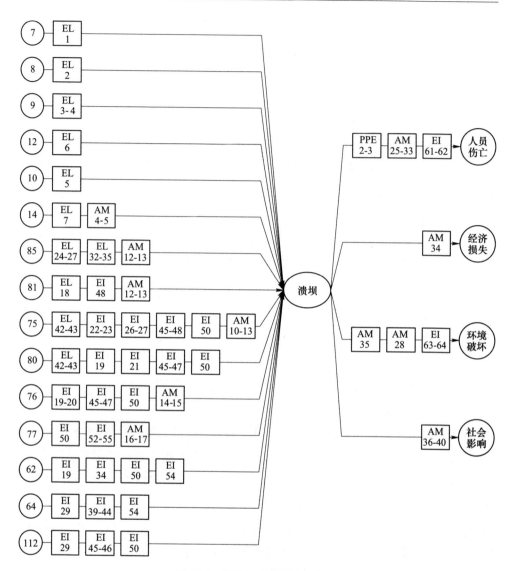

图 4-11 演化途径 I 的 BT 模型

4.5.2 基于 C-TODIM 的风险预控措施决策分析

从溃坝风险的 BT 模型可知，针对每一个具体隐患都存在若干条风险预控措施，如何帮助决策者做出最佳预控决策是本节的研究重点。TODIM 方法是 Gomes 和 Lima 提出的一种旨在帮助决策者有效做出风险决策的方法。该方法直接选用其他比较方案的指标值作为参考点，决策过程更为便捷客观。传统 TODIM 一般

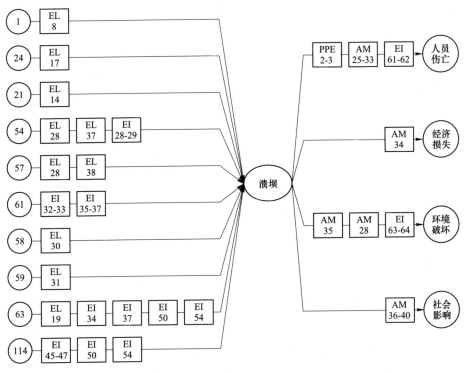

图 4-12 演化途径 II 的 BT 模型

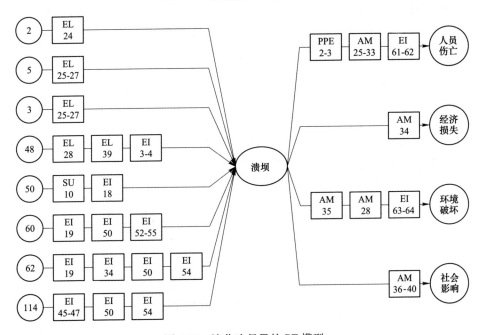

图 4-13 演化途径 III 的 BT 模型

采用精准数值表示指标评价值，未能体现决策者对指标评价的不确定性、模糊性和随机性。因此，借助云模型模糊性和随机性的优势，本书将云模型与 TODIM 相结合，构建基于 C-TODIM 的风险预控措施决策模型，为决策者提供客观合理的量化决策结果。

（1）云的定义与数字特征。设 U 为一个用精确数值表示的定量论域，C_U 是 U 上的定性概念，若定量值 $x \in U$，且 x 是定性概念 C_U 的一次随机实现，x 对 C_U 的确定度 $u(x) \in [0,1]$ 是有稳定倾向的随机数，即

$$u:U \to [0,1] \, \forall \, x \in U x \to u(x) \tag{4-1}$$

则 x 在论域 U 上的分布成为云，每一个 x 称为一个云滴。

云的数字特征一般采用期望 Ex、熵 En 和超熵 He 这 3 个参数表示。

Ex 表示云滴在论域 U 中分布的期望，是定性概念 C_U 在论域 U 中的中心值，反映了相应的定性概念的信息中心值。

En 表示定性概念 C_U 的不确定性度量，由概念的随机性和模糊性共同决定，反映了随机性和模糊性间的关联。

He 是熵的不确定性度量，即熵 En 的熵。反映了云滴的离散程度，超熵越大，云滴 x 离散度越大，隶属度的随机性越大，云也就越"厚"。

（2）云的距离计算。依据"3σ 规则"，在进行两个云模型间的距离计算时，选取分布在 $[Ex\text{-}3En, Ex + 3En]$ 之间的云滴，舍去其他云滴。基于云滴的分布差异，计算两个云模型间的距离 $d(C_1, C_2)$，其具体流程如图 4-14 所示。

在图 4-14 中，$d(C_1, C_2)$ 的表达式为：

$$d(C_1, C_2) = \frac{1}{k} \sum_{j=1}^{k} \sqrt{(x_{1j} - x_{2j})^2 + [u(x_{1j}) - u(x_{2j})]^2} \tag{4-2}$$

（3）风险预控措施决策云及其规范化。假定预控措施决策问题中，候选措施为 $O_i(i = 1, 2, \cdots, n)$，评价准则为 $Z_j(j = 1, 2, \cdots, p)$，q 个专家 E_t 组成决策群体，专家 E_t 针对措施 O_i 在准则 Z_j 下的评价云为 $C_{ij}^t = (Ex_{ij}^t, En_{ij}^t, He_{ij}^t)$。

1）风险预控措施评价语义值转化为云模型。在对预控措施进行评价时，给定语义变量的粒度为 m，有效论域为 $U = [X_{\min}, X_{\max}]$，各粒度语义变量对应的云模型 $C_i(Ex_i, En_i, He_i)$，其中 C_0 为最差云，C_m 为最优云，则云模型表达式：

$$\begin{cases} Ex_i = X_{\min} + \dfrac{i}{m-1}(X_{\max} - X_{\min}) \\[3mm] En_i = \dfrac{X_{\max} - X_{\min}}{3(m-1)} \\[3mm] He_i = 0.001 \end{cases} \tag{4-3}$$

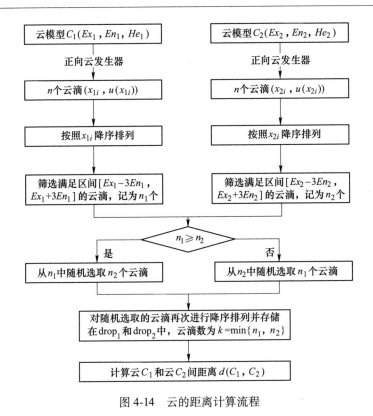

图 4-14 云的距离计算流程

2）专家动态权重计算。给定不同（相同）预控措施下不同指标对应的专家动态权重 v_{ij}^t。根据专家 E_t 给出的评价云与专家组的算术云间的相似度确定专家动态权重，相似度越小，对应的权重 v_{ij}^t 越小，反之，权重则较大。

针对预控措施 O_i 准则 Z_j，q 个专家给出的风险预控措施评价算术平均云 $\overline{C}_{ij}$：

$$\begin{cases} \overline{Ex}_{ij} = \dfrac{Ex_{ij}^1 + Ex_{ij}^2 + \cdots + Ex_{ij}^q}{q} \\[3mm] \overline{En}_{ij} = \sqrt{\dfrac{(En_{ij}^1)^2 + (En_{ij}^2)^2 + \cdots + (En_{ij}^q)^2}{q}} \\[3mm] \overline{He}_{ij} = \sqrt{\dfrac{(He_{ij}^1)^2 + (He_{ij}^2)^2 + \cdots + (He_{ij}^q)^2}{q}} \end{cases} \qquad (4\text{-}4)$$

计算预控措施评价云 C_{ij}^t 与其算术云 $\overline{C}_{ij}$ 间的相似度：

$$\text{sim}(C_{ij}^t, \overline{C}_{ij}) = 1 - \dfrac{d(C_{ij}^t, \overline{C}_{ij})}{\displaystyle\sum_{t=1}^q d(C_{ij}^t, \overline{C}_{ij})} \qquad (4\text{-}5)$$

式中，$d(C_{ij}^t, \overline{C_{ij}})$ 根据式（4-2）进行计算。

则专家动态权重 v_{ij}^t：

$$v_{ij}^t = \frac{\text{sim}(C_{ij}^t, \overline{C_{ij}})}{\sum\limits_{t=1}^{q} \text{sim}(C_{ij}^t, \overline{C_{ij}})} \tag{4-6}$$

3）计算风险预控措施决策云及规范云。将 q 个专家的预控措施评价云 C_{ij}^t 进行加权，得到预控措施评价加权云 C_{ij}：

$$\begin{cases} Ex_{ij} = v_{ij}^1 Ex_{ij}^1 + v_{ij}^2 Ex_{ij}^2 + \cdots + v_{ij}^q Ex_{ij}^q \\ En_{ij} = \sqrt{v_{ij}^1 (En_{ij}^1)^2 + v_{ij}^2 (En_{ij}^2)^2 + \cdots + v_{ij}^q (En_{ij}^q)^2} \\ He_{ij} = \sqrt{v_{ij}^1 (He_{ij}^1)^2 + v_{ij}^2 (He_{ij}^2)^2 + \cdots + v_{ij}^q (He_{ij}^q)^2} \end{cases} \tag{4-7}$$

所有评价加权云 C_{ij} 构成预控措施评价加权云决策矩阵 $\boldsymbol{CR} = (C_{ij})_{mn}$：

$$\boldsymbol{CR} = \begin{bmatrix} C_{11} & C_{12} & \cdots & C_{1n} \\ C_{21} & C_{22} & \cdots & C_{2n} \\ \vdots & \vdots & \ddots & \vdots \\ C_{m1} & C_{m2} & \cdots & C_{mn} \end{bmatrix} \tag{4-8}$$

考虑不同准则的量纲对预控措施决策的影响，将加权云决策矩阵规范化：

$$\boldsymbol{CR}_{ij}' = \left(\frac{C_{ij} - \min\limits_{1 \le i \le m} C_{ij}}{\max\limits_{1 \le i \le m} C_{ij} - \min\limits_{1 \le i \le m} C_{ij}}, En_{ij}, He_{ij} \right) \tag{4-9}$$

（4）计算评价准则的相对权重。本书采用层次分析法（Analytical Hierarchy Process，AHP）获取准则的原始权重。

选定 Z_r 为参照准则，准则 Z_j 相对参照准则的相对权重为：

$$w_{jr} = \frac{w_j}{w_r}$$

$$w_r = \max\{w_1, w_2, \cdots, w_p\} \tag{4-10}$$

式中　w_r——准则 Z_r 对应的权重。

（5）计算预控措施 O_i 的优势度矩阵。预控措施 O_i 相对预控措施 O_k 在准则 Z_j 下的优势度：

$$\varphi_j(O_i, O_k) = \begin{cases} \sqrt{w_{jr}/\sum\limits_{j=1}^{p} w_{jr}} \cdot d(\boldsymbol{CR}'_{ij}, \boldsymbol{CR}'_{kj}) & \boldsymbol{CR}'_{ij} > \boldsymbol{CR}'_{kj} \\ 0 & \boldsymbol{CR}'_{ij} = \boldsymbol{CR}'_{kj} \quad (4\text{-}11) \\ -\dfrac{1}{\theta}\sqrt{\sum\limits_{j=1}^{p} w_{jr}/w_{jr}} \cdot d(\boldsymbol{CR}'_{ij}, \boldsymbol{CR}'_{kj}) & \boldsymbol{CR}'_{ij} < \boldsymbol{CR}'_{kj} \end{cases}$$

式中 θ——损耗衰退系数, 通常选取区间为 $[1, 2.5]$。

（6）计算预控措施 O_i 的综合优势度。计算预控措施 O_i 相对预控措施 O_k 的综合优势度：

$$\boldsymbol{\delta}(O_i, O_k) = \sum_{j=1}^{p} \boldsymbol{\varphi}_j(O_i, O_k) \qquad (4\text{-}12)$$

（7）计算预控措施 O_i 的总体优势度并排序。计算预控措施 O_i 的总体优势度 $\tau(O_i)$, 并对其进行排序。$\tau(O_i)$ 值越大, 对应的预控措施越好。

$$\tau(O_i) = \frac{\sum\limits_{k=1}^{n} \boldsymbol{\delta}(O_i, O_k) - \min\limits_{i}\sum\limits_{k=1}^{n}(O_i, O_k)}{\max\limits_{i}\sum\limits_{k=1}^{n}(O_i, O_k) - \min\limits_{i}\sum\limits_{k=1}^{n}(O_i, O_k)} \qquad (4\text{-}13)$$

4.5.3 算例分析

某铅锌矿尾矿库总坝高 51.5m, 总库容 1066 万立方米, 属于三等库。该尾矿库主要构筑物包括主坝、1#～3#副坝, 以及排水设施等。初期坝为均质土坝, 采用上游式筑坝, 随着堆积坝高度上升, 堆建了 1#～3#副坝。该尾矿库排洪系统为框架式排水井-混凝土排水管结构。

1#副坝位于尾矿库西侧, 初期坝坝高约 12.4m, 外坡比约 1:2, 堆积坝坝高约 22.7m, 堆积边坡约 1:4.5。3#副坝位于尾矿库北侧, 堆积坝坝高约 15m, 堆积边坡约 1:4.5。1#副坝和 3#副坝的堆积坝在标高 310.5m 处连为一体, 在初期坝坝顶（标高约 300m）处, 1#、3#副坝各有一根水平排渗管出现漏砂现象。由于初期坝均为透水性差的均质土坝, 加之原有排渗设施大多数已无法排渗, 堆积坝体内渗流水无法排出, 导致堆积坝浸润线埋深较高, 在堆积坝坡脚多处存在浸润线出逸, 局部已形成沼泽化。

尾矿库在运行中存在坝体浸润线偏高、坝坡局部存在沼泽化等现象, 为了降低坝体浸润线, 保障尾矿库的正常运行, 需要对 1#、3#副坝进行排渗治理。提出的 4 个预控措施 O_i 分别为：O_1=水平排渗管排渗；O_2=辐射井排渗；O_3=水平排渗管+制定尾矿库渗流控制措施和排渗设施安全管理制度；O_4 = 辐射井+制定尾矿库渗流控制措施和排渗设施安全管理制度。

邀请 6 位专家 E_t 组成决策组，给出的措施评价准则包括：预控效果 Z_1、技术可行 Z_2、经济成本 Z_3、响应时间 Z_4。

（1）构建预控措施评价决策云及规范云。

1）预控措施评价准则转化为云模型。设定评价准则的语义集合为 ｛差，较差，一般，较好，好｝，有效论域 $U = [0，1]$，根据式（4-3）生成与语义集合相应的评价准则云，见表 4-6。

表 4-6　评价准则语义变量转化为云模型

语义变量	云模型
差	$(0，0.083，0.001)$
较差	$(0.25，0.083，0.001)$
一般	$(0.5，0.083，0.001)$
较好	$(0.75，0.083，0.001)$
好	$(1，0.083，0.001)$

2）计算专家动态权重。根据语义集合，决策组 6 位专家给出的预控措施评价，见表 4-7。

表 4-7　决策组针对预控措施的语义评价

措施 O_i	专家 E_t											
	E_1				E_2				E_3			
	评价准则 Z_j				评价准则 Z_j				评价准则 Z_j			
	Z_1	Z_2	Z_3	Z_4	Z_1	Z_2	Z_3	Z_4	Z_1	Z_2	Z_3	Z_4
O_1	一般	好	一般	较差	较差	好	一般	差	较差	好	较好	较差
O_2	好	差	较差	较好	好	差	较差	好	好	差	差	好
O_3	较好	好	一般	较差	一般	好	一般	差	一般	好	一般	较差
O_4	好	差	较差	较好	好	差	较差	好	好	差	好	好

措施 O_i	专家 E_t											
	E_4				E_5				E_6			
	评价准则 Z_j				评价准则 Z_j				评价准则 Z_j			
	Z_1	Z_2	Z_3	Z_4	Z_1	Z_2	Z_3	Z_4	Z_1	Z_2	Z_3	Z_4
O_1	较差	好	较好	差	较差	好	好	差	一般	好	好	较差
O_2	较好	差	较差	较好	好	差	差	好	好	差	一般	较好
O_3	一般	较好	较好	差	较差	好	较好	好	好	较好	较差
O_4	好	差	差	较好	好	差	差	好	好	差	较差	较好

基于语义评价变量与云模型的转化关系（见表4-6），将各专家对预控措施的评价信息转化为评价云模型，结合式（4-4）得到预控措施评价算术平均云，见表4-8。

表4-8　预控措施评价算术平均云

措施 O_i	评价准则 Z_j			
	Z_1	Z_2	Z_3	Z_4
O_1	(0.333, 0.083, 0.001)	(1, 0.083, 0.001)	(0.75, 0.083, 0.001)	(0.125, 0.083, 0.001)
O_2	(0.958, 0.083, 0.001)	(0, 0.083, 0.001)	(0.208, 0.083, 0.001)	(0.875, 0.083, 0.001)
O_3	(0.583, 0.083, 0.001)	(0.958, 0.083, 0.001)	(0.625, 0.083, 0.001)	(0.125, 0.083, 0.001)
O_4	(1, 0.083, 0.001)	(0, 0.083, 0.001)	(0.125, 0.083, 0.001)	(0.875, 0.083, 0.001)

根据式（4-2）、式（4-5）计算各专家给出的预控措施评价云与算术平均云之间的相似度，根据式（4-6）归一化后得到专家动态权重：

$$v_{ij}^1 = \begin{bmatrix} 0.148 & 0.167 & 0.152 & 0.164 \\ 0.178 & 0.167 & 0.183 & 0.163 \\ 0.173 & 0.178 & 0.166 & 0.164 \\ 0.167 & 0.167 & 0.164 & 0.163 \end{bmatrix} \tag{4-14}$$

$$v_{ij}^2 = \begin{bmatrix} 0.176 & 0.167 & 0.152 & 0.169 \\ 0.178 & 0.167 & 0.183 & 0.170 \\ 0.184 & 0.178 & 0.166 & 0.169 \\ 0.167 & 0.167 & 0.169 & 0.170 \end{bmatrix} \tag{4-15}$$

$$v_{ij}^3 = \begin{bmatrix} 0.176 & 0.166 & 0.200 & 0.164 \\ 0.178 & 0.166 & 0.156 & 0.170 \\ 0.184 & 0.178 & 0.167 & 0.164 \\ 0.166 & 0.166 & 0.164 & 0.170 \end{bmatrix} \tag{4-16}$$

$$v_{ij}^4 = \begin{bmatrix} 0.176 & 0.166 & 0.200 & 0.169 \\ 0.110 & 0.166 & 0.183 & 0.163 \\ 0.184 & 0.110 & 0.167 & 0.169 \\ 0.166 & 0.166 & 0.169 & 0.163 \end{bmatrix} \tag{4-17}$$

$$v_{ij}^5 = \begin{bmatrix} 0.176 & 0.167 & 0.148 & 0.169 \\ 0.178 & 0.167 & 0.156 & 0.170 \\ 0.145 & 0.178 & 0.167 & 0.169 \\ 0.167 & 0.167 & 0.169 & 0.170 \end{bmatrix} \qquad (4-18)$$

$$v_{ij}^6 = \begin{bmatrix} 0.148 & 0.167 & 0.148 & 0.165 \\ 0.178 & 0.167 & 0.139 & 0.164 \\ 0.130 & 0.178 & 0.167 & 0.165 \\ 0.167 & 0.167 & 0.165 & 0.164 \end{bmatrix} \qquad (4-19)$$

3）计算预控措施评价决策云及规范云。根据式（4-7）和式（4-8）得到预控措施评价加权决策云 CR，见表4-9。

表4-9　预控措施加权云决策矩阵 CR

措施	评价准则 Z_j			
O_i	Z_1	Z_2	Z_3	Z_4
O_1	(0.324, 0.083, 0.001)	(1, 0.083, 0.001)	(0.748, 0.083, 0.001)	(0.123, 0.083, 0.001)
O_2	(0.973, 0.083, 0.001)	(0, 0.083, 0.001)	(0.207, 0.083, 0.001)	(0.878, 0.083, 0.001)
O_3	(0.572, 0.083, 0.001)	(0.973, 0.083, 0.001)	(0.625, 0.083, 0.001)	(0.123, 0.083, 0.001)
O_4	(1, 0.083, 0.001)	(0, 0.083, 0.001)	(0.125, 0.083, 0.001)	(0.878, 0.083, 0.001)

根据式（4-9），对预控措施加权云决策矩阵进行规范化，得到预控措施规范决策云 CR'，见表4-10。

表4-10　规范化的预控措施加权云决策矩阵 CR'

措施	评价准则 Z_j			
O_i	Z_1	Z_2	Z_3	Z_4
O_1	(0, 0.083, 0.001)	(1, 0.083, 0.001)	(1, 0.083, 0.001)	(0, 0.083, 0.001)
O_2	(0.960, 0.083, 0.001)	(0, 0.083, 0.001)	(0.132, 0.083, 0.001)	(1, 0.083, 0.001)
O_3	(0.367, 0.083, 0.001)	(0.973, 0.083, 0.001)	(0.803, 0.083, 0.001)	(0, 0.083, 0.001)
O_4	(1, 0.083, 0.001)	(0, 0.083, 0.001)	(0, 0.083, 0.001)	(1, 0.083, 0.001)

（2）计算各评价准则的相对权重。基于 AHP 方法，得到 4 个评价准则的原始权重：

$$w_j = \begin{bmatrix} 0.388 & 0.108 & 0.316 & 0.188 \end{bmatrix} \qquad (4-20)$$

则根据式（4-10），各评价准则的相对权重：

$$\boldsymbol{w}_{jr} = \begin{bmatrix} 1 & 0.278 & 0.814 & 0.485 \end{bmatrix} \tag{4-21}$$

（3）计算任意两预控措施间的优势度。根据式（4-11），取损耗衰退系数为1，计算预控措施 O_i 相对预控措施 O_k 在准则 Z_j 下的优势度：

$$\boldsymbol{\varphi}_1(O_i, O_k) = \begin{matrix} O_1 \\ O_2 \\ O_3 \\ O_4 \end{matrix} \begin{bmatrix} 0 & -0.585 & -0.587 & -1.599 \\ 0.227 & 0 & 0.018 & -1.022 \\ 0.228 & -0.047 & 0 & -1.026 \\ 0.620 & 0.397 & 0.398 & 0 \end{bmatrix} \tag{4-22}$$

$$\boldsymbol{\varphi}_2(O_i, O_k) = \begin{matrix} O_1 \\ O_2 \\ O_3 \\ O_4 \end{matrix} \begin{bmatrix} 0 & -1.109 & -1.114 & -3.032 \\ 0.120 & 0 & 0.010 & -1.938 \\ 0.120 & -0.090 & 0 & -1.946 \\ 0.327 & 0.209 & 0.210 & 0 \end{bmatrix} \tag{4-23}$$

$$\boldsymbol{\varphi}_3(O_i, O_k) = \begin{matrix} O_1 \\ O_2 \\ O_3 \\ O_4 \end{matrix} \begin{bmatrix} 0 & -0.648 & -0.651 & -1.772 \\ 0.205 & 0 & 0.017 & -1.133 \\ 0.206 & -0.052 & 0 & -1.137 \\ 0.560 & 0.358 & 0.359 & 0 \end{bmatrix} \tag{4-24}$$

$$\boldsymbol{\varphi}_4(O_i, O_k) = \begin{matrix} O_1 \\ O_2 \\ O_3 \\ O_4 \end{matrix} \begin{bmatrix} 0 & -0.840 & -0.843 & -2.295 \\ 0.158 & 0 & 0.013 & -1.467 \\ 0.159 & -0.068 & 0 & -1.473 \\ 0.432 & 0.276 & 0.277 & 0 \end{bmatrix} \tag{4-25}$$

（4）计算任意两预控措施间的综合优势度。根据式（4-12），得到任意两预控措施间的综合优势度：

$$\boldsymbol{\delta}(O_i, O_k) = \begin{matrix} O_1 \\ O_2 \\ O_3 \\ O_4 \end{matrix} \begin{bmatrix} 0 & -3.182 & -3.195 & -8.698 \\ 0.710 & 0 & 0.058 & -5.560 \\ 0.713 & -0.257 & 0 & -5.582 \\ 1.939 & 1.240 & 1.244 & 0 \end{bmatrix} \tag{4-26}$$

（5）计算预控措施的总体优势度。根据式（4-13）计算预控措施的总体优势度：

$$\boldsymbol{\tau}(O_i) = \begin{bmatrix} 0 & 0.527 & 0.510 & 1 \end{bmatrix} \tag{4-27}$$

则预控措施排序为 $O_4 > O_2 > O_3 > O_1$。

根据预控措施的最终排序，辐射井+制定尾矿库渗流控制措施和排渗设施安全管理制度（措施 O_4）最佳。辐射井的排渗管能够进入更低位置的尾砂，排渗效果优于水平排渗管。在采取工程措施降低浸润线埋深后，加之管理措施，即制定尾矿库渗流控制措施和排渗设施安全管理制度，保证尾矿库运行中浸润线埋深符合相关标准规范要求，进而保障尾矿库的安全稳定。考虑到该尾矿库堆积坝坡脚多处存在浸润线出逸，局部已形成沼泽化，因此措施 O_4 更加符合当前尾矿库的实际运行情况。

4.6　本章小结

（1）本章考虑了尾矿库溃坝隐患间演化的 X 条途径，影响因素耦合形成隐患、隐患失控导致事故（件）、事故失控造成灾害等 3 个阶段，溃坝风险的 4 个等级，消除、替代、工程含隔离、管理含监测、个体防护等 5 个层级，给出了尾矿库"X-3-4-5"风险预控方法。

（2）从消除、替代、工程含隔离、管理含监测、个体防护等 5 个层级，给出了 166 条风险预控措施。其中，消除层级的措施 45 条，替代层级的措施 14 条，工程含隔离层级的措施 64 条，管理含监测层级的措施 40 条，个体防护层级的措施 3 条。

（3）建立了基于 BT-C-TODIM 的风险预控措施决策模型。基于 BT 模型，考虑隐患及其演化关系、事故后果，给出针对性的事前预防、事后控制措施，实现了隐患演化及风险预控的可视化；基于 C-TODIM 模型，定量地对各预控措施或其组合进行排序，实现了风险预控措施的排序及决策。

5 工程应用 I-大崧背尾矿库

为了验证本研究提出的尾矿库溃坝风险评估与预控方法的适用性和有效性，本章将上述研究方法和成果应用到大崧背尾矿库中，进行工程应用。

5.1 工程背景

5.1.1 自然环境概况

大崧背尾矿库位于福建省内，库区有厂区道路及山区公路与县道、国道相连，交通较为便利。库区下游 300m、400m、2km 处分别分布着堆浸场、矿区环保库、河流。

库区所在地属"冬无严寒，夏无酷暑"的亚热带季风气候，年均气温 19℃，年均温差 26℃，日均温差 9℃，年平均降雨量为 1650~1700mm。降雨在时空分布不均，3~8 月为雨季，雨季降雨量约占全年降水量的 75%，最大过程降雨量可达 210mm，9~10 月为台风阵雨季节，11 月至次年 2 月为旱季，一般占全年降雨量的 7.0%~15%。库区年最大降雨量 3133mm，最小降雨量 1343.1mm，月最大降雨量 532mm。

根据区域地质勘察资料显示，该尾矿库坝址未发现明显的断裂破碎带，属不活动的断裂构造，对坝址稳定性基本无影响。根据相关地震资料记载，该地区未发生过 5 级以上破坏性地震。根据《构筑物抗震设计规范》（GB 50191—2012），该区属地震基本烈度 6 度区，设计基本地震加速度值为 0.05g，属区域稳定地段。

5.1.2 地质概况

大崧背尾矿库所处沟谷走向呈近南北向展布，横断面呈"U"字型，东西两侧山坡坡度 25°~35°，植被发育，自然坡体稳定。

对于库区水文地质，库区内地表水主要来源为输送尾矿带来的尾矿水，另外部分水量为支沟汇集的地表水。雨季时，大气降雨也是地表水及地下水的主要来源。

库区周围山坡体稳定，库岸局部地段由于施工，导致部分山体临空，暴雨后出现小范围滑坡、崩塌，但不影响库区稳定。除此之外，库区不存在影响稳定性的活动断裂、滑坡、崩塌、泥石流、地面沉降等其他不良地质作用。

5.1.3　尾矿库概况

大紫背尾矿库于 2011 年投产运行，目前堆积坝顶标高 447.5m，尾矿坝高 167.7m。

（1）初期坝。该尾矿库利用东西两条沟修筑两座初期坝，东沟为 1#初期坝，西沟为 2#初期坝，均采用碾压透水堆石坝，现状坝顶标高均为 354m。其中，2#初期坝已被堆浸场覆盖，提高了坝体稳定性。

（2）堆积坝。堆积坝前期采用直接冲积法放矿，并采用滩前粗颗粒尾矿机械筑坝。由于筑坝轴线较长、子坝堆筑工程量大、坝前尾矿难以固结、雨季时间长等问题造成机械堆筑子坝作业难度大，后期改用旋流器堆筑子坝。坝轴线每隔 10~20m 设置一个尾矿支管，每个支管由阀门控制。部分支管接旋流器，部分支管直接分散放矿。

尾矿库现状堆积坝顶标高 447.5m，现状堆积坝高 93.5m，尾矿库坝高 167.7m。库内水位标高 440.0m，干滩长度约 425.5m。现状堆积坝外坡自初期坝坝顶至堆积坝坝顶共有 37 级子坝，在堆积坝标高 360m 处设第一期平台，后期各级坝体每升高 5m 设置一个宽 7.5m 的平台。单级子坝外坡比约为 1：3.5，平均外坡比 1：5。

（3）副坝。副坝初期坝为堆石碾压坝，坝底标高 419m，坝顶标高 425m，坝高 6m，坝体外坡比 1：2.0，内坡比 1：1.75。初期坝坝端设坝肩截洪沟，梯形断面，尺寸（高×底）为 0.7m×0.6m，壁厚 250mm，边坡为 1：0.5，C20 砼结构。

副坝堆积坝采用上游式筑坝，旋流器底流筑子坝，旋流器溢流和未接旋流器的尾矿支管沿滩前均匀分散放矿。副坝堆积坝现状坝顶标高约 447.5m，滩顶标高约445m，库内干滩约300m，堆积坝坡平均外坡比1：5。

（4）排洪系统。该尾矿库集水区主要集中在库区东北角，现状水位标高约440.0m，其中部分排水斜槽、排水井已封堵，目前在用的为排水井、排水斜槽和排水隧洞系统。其中，排水井为框架式排水井，塔高30m，圈梁内径4.5m，与主隧洞相连。主隧洞为圆拱直墙断面型式，净宽2.3m，净高3.1m，总长度630.8m。排水斜槽沿排水井东侧岸坡地形布置，采用矩形断面型式，净宽1.2m，净高1.2m。在正常运行期内，主要通过排水斜槽排水；在洪水运行期内，主要通过排水井排洪。

（5）排渗系统。尾矿库主坝已在标高355m、362m、367m、372m、377m、382m、387m处设置了7层水平排渗盲沟。自沉积滩顶392.5m标高开始，堆积坝排渗采用反向预埋槽孔管排渗，现已布置7层反向槽孔排渗管网或弧形槽孔管网。

副坝初期坝东侧布置一座辐射井，作为基础的排渗结构。辐射井位于初期坝外侧，井内采用预埋方式铺设渗水管。副坝已在标高425m、430m、435m分别布设排渗系统，排渗管排水清澈。

（6）坝坡排水设施。初期坝、堆积坝两侧坝肩与山坡交界处均修建了坝肩截洪沟，子坝平台内侧修建了水平排水沟，同时在坝坡面设置了人字形排水沟。

初期坝和堆积坝坝肩截洪沟均采用C20砼结构，边坡均为1：0.5。其中，初期坝坝肩截洪沟为1.2m（高）×1.0m（宽）的梯形断面，壁厚300mm。堆积坝坝肩截洪沟为0.7m（高）×0.6m（宽）的梯形断面，壁厚250mm。

在每级子坝平台内侧设有一道0.5m×0.5m的矩形断面水平排水沟，排水沟采用C20砼结构，壁厚200mm，天然降雨及尾矿渗水接入坝肩截洪沟。

堆积坝外护坡植被茂密，设有0.5m×0.5m人字形排水沟，排水沟采用预制形式，壁厚0.1m。

（7）监测设施。该尾矿库为二等库，目前已设置了在线监测系统与人工安全监测系统相结合的监测系统。监测项目主要包括坝体位移、浸润线、库水位、滩顶标高、干滩长度、雨量监测和视频监控等，观测基点位于初期坝东侧坝端山体。堆积坝外坡标高385m平台中部设置尾矿库在线系统监测室，室内设置在线监测终端系统。

（8）安全管理。企业设置了尾矿库管理部，定级为车间级部门，其中尾矿库安全管理资格证 3 人，尾矿工资格证 40 人。针对尾矿库的运行，设有旋流器筑坝等岗位安全技术操作规程。

5.2 大崇背尾矿库隐患辨识及演化关系分析

根据该尾矿库历次安全评价报告及类似尾矿库风险管理经验，基于第 2 章中提出的溃坝隐患辨识及演化关系分析的方法、模型，对大崇背尾矿库进行隐患辨识及分析。

5.2.1 隐患辨识

根据大崇背尾矿库类似尾矿库的风险管理经验，该尾矿库的隐患辨识清单见表 5-1，包括管理缺陷隐患 2 种，人的不安全行为隐患 3 种，物的不安全状态隐患 27 种。

表 5-1 大崇背尾矿库隐患辨识清单

类别	序号	隐　　患
管理缺陷	H1	安全生产教育培训不到位
	H2	事故隐患排查治理不到位
人的不安全行为	H3	安全意识不足
	H4	专业知识技能欠缺
	H5	安全行为习惯不佳
物的不安全状态	H6	反滤层能力降低或失效
	H7	尾矿颗粒级配不均
	H8	坝体存在软弱夹层
	H9	坝面维护设施设置不当
	H10	坝体出现贯穿性裂缝、坍塌、滑动、拉沟等迹象
	H11	坝体出现严重管涌、流土变形等现象
	H12	坝体出现大面积纵向裂缝，且出现较大范围渗透水高位逸出或大面积沼泽化

类别	序号	隐　　患
物的不安全状态	H13	未按设计均匀放矿
	H14	尾矿浆及库内存水运动冲刷坝体
	H15	库水位过高
	H16	安全超高或干滩长度不足
	H17	浸润线埋深小于控制浸润线埋深
	H18	调洪库容不足
	H19	排洪设施能力不足或失效
	H20	排洪设施结构破坏
	H21	排洪设施堵塞
	H22	排渗设施能力不足或失效
	H23	排渗设施位置、标高、数量、型式、尺寸、强度等与设计不符
	H24	排渗设施结构破坏
	H25	安全监测系统运行不正常未及时修复
	H26	未按设计设置安全监测系统
	H27	监测系统缺陷
	H28	暴雨
	H29	滑坡
	H30	漫顶
	H31	渗流
	H32	溃坝

5.2.2 大岽背尾矿库溃坝隐患 AISM 模型分析

通过建立大岽背尾矿库溃坝隐患邻接矩阵、生成可达矩阵及一般骨架性矩阵、可达矩阵级间划分等，建立大岽背尾矿库溃坝隐患 AISM 模型。

（1）建立大岽背尾矿库溃坝隐患邻接矩阵 A_D。

$$
A_D = \begin{bmatrix}
0 & 1 & 1 & 1 & 1 & 0 & 0 & 0 & 0 & 0 & 0 & 0 & 0 & 0 & 0 & 0 & 0 & 0 & 0 & 0 & 0 & 0 & 0 & 0 & 1 & 0 & 0 & 0 & 0 & 0 & 0 & 1 \\
0 & 0 & 0 & 0 & 0 & 1 & 0 & 0 & 1 & 1 & 1 & 1 & 1 & 0 & 1 & 1 & 1 & 1 & 1 & 1 & 1 & 1 & 0 & 1 & 1 & 0 & 1 & 0 & 0 & 0 & 0 & 1 \\
0 & 1 & 0 & 0 & 0 & 0 & 0 & 0 & 0 & 0 & 0 & 0 & 0 & 0 & 0 & 0 & 0 & 0 & 0 & 0 & 0 & 0 & 0 & 1 & 0 & 0 & 0 & 0 & 0 & 0 & 0 & 1 \\
0 & 1 & 0 & 0 & 0 & 0 & 0 & 0 & 0 & 0 & 0 & 0 & 0 & 0 & 0 & 0 & 0 & 0 & 0 & 0 & 0 & 0 & 0 & 1 & 0 & 0 & 0 & 0 & 0 & 0 & 0 & 1 \\
0 & 1 & 0 & 0 & 0 & 0 & 0 & 0 & 0 & 0 & 0 & 0 & 0 & 0 & 0 & 0 & 0 & 0 & 0 & 0 & 0 & 0 & 0 & 1 & 0 & 0 & 0 & 0 & 0 & 0 & 0 & 1 \\
0 & 0 & 0 & 0 & 0 & 0 & 0 & 0 & 0 & 1 & 0 & 0 & 0 & 0 & 0 & 1 & 0 & 0 & 0 & 0 & 0 & 0 & 0 & 0 & 0 & 0 & 0 & 0 & 0 & 0 & 1 & 1 \\
0 & 0 & 0 & 0 & 0 & 0 & 1 & 0 & 0 & 1 & 1 & 0 & 0 & 0 & 0 & 0 & 0 & 0 & 0 & 0 & 0 & 0 & 0 & 0 & 0 & 0 & 0 & 0 & 1 & 0 & 0 & 1 \\
0 & 0 & 0 & 0 & 0 & 0 & 0 & 0 & 0 & 1 & 1 & 1 & 0 & 0 & 0 & 0 & 0 & 0 & 0 & 0 & 0 & 0 & 0 & 0 & 0 & 0 & 0 & 0 & 1 & 0 & 0 & 1 \\
0 & 0 & 0 & 0 & 0 & 0 & 0 & 0 & 0 & 1 & 0 & 0 & 0 & 1 & 0 & 0 & 0 & 0 & 0 & 0 & 0 & 0 & 0 & 0 & 0 & 0 & 0 & 0 & 1 & 0 & 0 & 1 \\
0 & 0 & 0 & 0 & 0 & 0 & 0 & 0 & 0 & 0 & 0 & 0 & 0 & 0 & 0 & 0 & 0 & 0 & 0 & 0 & 0 & 0 & 0 & 0 & 0 & 0 & 0 & 0 & 1 & 0 & 0 & 1 \\
0 & 0 & 0 & 0 & 0 & 0 & 0 & 0 & 0 & 0 & 0 & 0 & 0 & 0 & 0 & 0 & 0 & 0 & 0 & 0 & 0 & 0 & 0 & 0 & 0 & 0 & 0 & 0 & 1 & 0 & 1 & 1 \\
0 & 0 & 0 & 0 & 0 & 0 & 0 & 0 & 0 & 0 & 0 & 0 & 0 & 0 & 0 & 0 & 0 & 0 & 0 & 0 & 0 & 0 & 0 & 0 & 0 & 0 & 0 & 0 & 1 & 0 & 1 & 1 \\
0 & 0 & 0 & 0 & 0 & 1 & 1 & 0 & 0 & 0 & 0 & 0 & 0 & 1 & 0 & 1 & 0 & 0 & 0 & 0 & 0 & 0 & 0 & 0 & 0 & 0 & 1 & 1 & 0 & 1 & 0 & 1 \\
0 & 0 & 0 & 0 & 0 & 1 & 0 & 0 & 0 & 1 & 0 & 0 & 0 & 0 & 0 & 0 & 0 & 0 & 0 & 0 & 0 & 0 & 0 & 0 & 0 & 0 & 0 & 0 & 1 & 0 & 0 & 1 \\
0 & 0 & 0 & 0 & 0 & 0 & 0 & 0 & 0 & 1 & 1 & 0 & 0 & 0 & 1 & 1 & 1 & 0 & 0 & 0 & 0 & 0 & 0 & 0 & 0 & 0 & 0 & 1 & 1 & 1 & 1 & 1 \\
0 & 0 & 0 & 0 & 0 & 0 & 0 & 0 & 0 & 0 & 0 & 0 & 0 & 0 & 0 & 0 & 1 & 0 & 0 & 0 & 0 & 0 & 0 & 0 & 0 & 0 & 0 & 1 & 1 & 1 & 1 & 1 \\
0 & 0 & 0 & 0 & 0 & 0 & 0 & 0 & 0 & 1 & 1 & 0 & 0 & 0 & 0 & 0 & 0 & 0 & 0 & 0 & 0 & 0 & 0 & 0 & 0 & 0 & 0 & 1 & 0 & 1 & 1 & 1 \\
0 & 0 & 0 & 0 & 0 & 0 & 0 & 0 & 0 & 0 & 0 & 0 & 0 & 0 & 1 & 0 & 0 & 0 & 0 & 0 & 0 & 0 & 0 & 0 & 0 & 0 & 0 & 1 & 0 & 1 & 0 & 1 \\
0 & 0 & 0 & 0 & 0 & 0 & 0 & 0 & 0 & 0 & 0 & 0 & 1 & 1 & 1 & 0 & 0 & 0 & 0 & 0 & 0 & 0 & 0 & 0 & 0 & 0 & 0 & 1 & 1 & 1 & 1 & 1 \\
0 & 0 & 0 & 0 & 0 & 0 & 0 & 0 & 0 & 0 & 0 & 0 & 1 & 1 & 0 & 0 & 1 & 0 & 0 & 0 & 0 & 0 & 0 & 0 & 0 & 0 & 0 & 1 & 1 & 1 & 1 & 1 \\
0 & 0 & 0 & 0 & 0 & 0 & 0 & 0 & 0 & 0 & 0 & 0 & 1 & 1 & 0 & 0 & 1 & 0 & 0 & 0 & 0 & 0 & 0 & 0 & 0 & 0 & 0 & 1 & 1 & 1 & 1 & 1 \\
0 & 0 & 0 & 0 & 0 & 0 & 0 & 0 & 1 & 0 & 0 & 0 & 0 & 0 & 1 & 0 & 0 & 0 & 0 & 0 & 0 & 0 & 0 & 0 & 0 & 0 & 1 & 0 & 1 & 1 & 1 & 1 \\
0 & 0 & 0 & 0 & 0 & 0 & 0 & 0 & 0 & 1 & 0 & 0 & 0 & 0 & 0 & 1 & 0 & 0 & 0 & 0 & 1 & 0 & 1 & 0 & 0 & 0 & 0 & 1 & 0 & 1 & 1 & 1 \\
0 & 0 & 0 & 0 & 0 & 0 & 0 & 0 & 0 & 1 & 0 & 0 & 0 & 0 & 0 & 0 & 1 & 0 & 0 & 0 & 0 & 0 & 0 & 0 & 0 & 1 & 0 & 1 & 1 & 1 \\
0 & 0 & 0 & 0 & 0 & 0 & 0 & 0 & 0 & 0 & 0 & 0 & 0 & 0 & 0 & 0 & 0 & 0 & 0 & 0 & 0 & 0 & 0 & 0 & 1 & 0 & 0 & 0 & 0 & 1 \\
0 & 0 & 0 & 0 & 0 & 0 & 0 & 0 & 0 & 0 & 0 & 0 & 0 & 0 & 0 & 0 & 0 & 0 & 0 & 0 & 0 & 0 & 0 & 0 & 0 & 1 & 0 & 0 & 0 & 0 & 1 \\
0 & 0 & 0 & 0 & 0 & 0 & 0 & 0 & 0 & 0 & 0 & 0 & 0 & 0 & 0 & 0 & 0 & 0 & 0 & 0 & 0 & 0 & 0 & 0 & 0 & 1 & 1 & 1 & 1 \\
0 & 0 & 0 & 0 & 0 & 0 & 0 & 0 & 1 & 0 & 0 & 0 & 1 & 1 & 1 & 1 & 1 & 0 & 0 & 1 & 0 & 0 & 0 & 0 & 0 & 0 & 1 & 1 & 1 & 1 \\
0 & 0 & 0 & 0 & 0 & 0 & 0 & 0 & 0 & 0 & 0 & 0 & 0 & 0 & 0 & 0 & 0 & 0 & 0 & 0 & 0 & 0 & 0 & 0 & 0 & 0 & 0 & 0 & 0 & 1 \\
0 & 0 & 0 & 0 & 0 & 0 & 0 & 0 & 0 & 0 & 0 & 0 & 0 & 0 & 0 & 0 & 0 & 0 & 0 & 0 & 0 & 0 & 0 & 0 & 0 & 0 & 0 & 0 & 0 & 1 \\
0 & 0 & 0 & 0 & 0 & 0 & 0 & 0 & 0 & 0 & 0 & 0 & 0 & 0 & 0 & 0 & 0 & 0 & 0 & 0 & 0 & 0 & 0 & 0 & 0 & 0 & 0 & 0 & 0 & 1 \\
0 & 0 & 0 & 0 & 0 & 0 & 0 & 0 & 0 & 0 & 0 & 0 & 0 & 0 & 0 & 0 & 0 & 0 & 0 & 0 & 0 & 0 & 0 & 0 & 0 & 0 & 0 & 0 & 0 & 0 \\
\end{bmatrix}
$$

（2）生成大峤背尾矿库溃坝隐患的可达矩阵 $\boldsymbol{M}_D$。根据式（2-3）、式（2-4），采用 MATLAB 对（$\boldsymbol{A}_D + \boldsymbol{I}_0$）经过 4 次布尔运算，最终可得到大峤背尾矿库溃坝隐患因素的可达矩阵 $\boldsymbol{M}_D$：

$$\boldsymbol{M}_D = (\boldsymbol{A}_D + \boldsymbol{I}_0)^5 = (\boldsymbol{A}_D + \boldsymbol{I}_0)^4 \neq (\boldsymbol{A}_D + \boldsymbol{I}_0)^3 \tag{5-1}$$

（3）可达矩阵 $\boldsymbol{M}_D$ 级间划分。根据生成的大峤背尾矿库溃坝隐患因素可达矩阵 $\boldsymbol{M}_D$ 进行级间划分。最终得到的溃坝隐患对抗级次抽取结果见表 5-2。

表 5-2　溃坝隐患对抗级次抽取结果

级次	以结果为导向的 UP 型	以原因为导向的 DOWN 型
L1	H32	H32
L2	H29，H30，H31	H29，H31
L3	H10，H11，H12，H27	H11，H12
L4	H8，H17，H25，H26	H17，H30
L5	H6，H7，H16，H22	H16
L6	H14，H18，H24	H10，H18
L7	H9，H13，H15，H23	H6，H8，H15
L8	H19	H7，H14，H19，H22，H27
L9	H20，H21	H9，H13，H20，H21，H24，H25
L10	H2，H28	H2
L11	H3，H4，H5	H3，H4，H5
L12	H1	H1，H23，H26，H28

（4）生成大峤背尾矿库溃坝隐患的一般性骨架矩阵 $\boldsymbol{S}_D$。由于 $\boldsymbol{M}_D$ 中不存在回路，即缩点可达矩阵仍为 $\boldsymbol{M}_D$，则一般性骨架矩阵 $\boldsymbol{S}_D$：

$$\boldsymbol{S}_D = \boldsymbol{M}_D - \boldsymbol{I}_0 - (\boldsymbol{M}_D - \boldsymbol{I}_0)^2 \tag{5-2}$$

$$
S_D = \begin{bmatrix}
0&0&1&1&1&0&0&0&0&0&0&0&0&0&0&0&0&0&0&0&0&0&0&0&0&0&0&0&0&0&0&0&0\\
0&0&0&0&0&0&0&1&0&0&0&1&0&0&0&0&0&0&1&1&0&0&1&1&0&0&0&0&0&0&0&0&0\\
0&1&0&0&0&0&0&0&0&0&0&0&0&0&0&0&0&0&0&0&0&0&0&0&0&0&0&0&0&0&0&0&0\\
0&1&0&0&0&0&0&0&0&0&0&0&0&0&0&0&0&0&0&0&0&0&0&0&0&0&0&0&0&0&0&0&0\\
0&1&0&0&0&0&0&0&0&0&0&0&0&0&0&0&0&0&0&0&0&0&0&0&0&0&0&0&0&0&0&0&0\\
0&0&0&0&0&0&0&0&0&0&0&0&0&0&1&0&0&0&0&0&0&0&0&0&0&0&0&0&0&0&0&0&0\\
0&0&0&0&0&0&1&0&0&0&0&0&0&0&0&0&0&0&0&0&0&0&0&0&0&0&0&0&0&0&0&0&0\\
0&0&0&0&0&0&0&0&1&1&1&0&0&0&0&0&0&0&0&0&0&0&0&0&0&0&0&0&0&0&0&0&0\\
0&0&0&0&0&0&0&0&0&0&1&0&0&0&0&0&0&0&0&0&0&0&0&0&0&0&0&0&0&0&0&0&0\\
0&0&0&0&0&0&0&0&0&0&0&0&0&0&0&0&0&0&0&0&0&0&0&0&0&0&0&0&1&0&0&0&0\\
0&0&0&0&0&0&0&0&0&0&0&0&0&0&0&0&0&0&0&0&0&0&0&0&0&0&0&0&1&0&1&0&0\\
0&0&0&0&0&0&0&0&0&0&0&0&0&0&0&0&0&0&0&0&0&0&0&0&0&0&0&0&1&0&1&0&0\\
0&0&0&0&1&0&0&0&0&0&0&0&0&0&1&0&0&0&0&0&0&0&0&0&0&0&0&0&0&0&0&0&0\\
0&0&0&1&0&0&0&1&0&0&0&0&0&0&0&0&0&0&0&0&0&0&0&0&0&0&0&0&0&0&0&0&0\\
0&0&0&0&0&0&0&0&0&0&0&0&0&0&0&1&0&0&0&0&0&0&0&0&0&0&0&0&0&0&0&0&0\\
0&0&0&0&0&0&0&0&0&0&0&0&0&0&1&0&0&0&0&0&0&0&0&0&0&0&0&0&0&1&0&0&0\\
0&0&0&0&0&0&0&0&0&1&1&0&0&0&0&0&0&0&0&0&0&0&0&0&0&0&0&0&0&0&0&0&0\\
0&0&0&0&0&0&0&0&0&0&0&0&1&0&0&0&0&0&0&0&0&0&0&0&0&0&0&0&0&0&0&0&0\\
0&0&0&0&0&0&0&0&0&0&0&1&0&0&0&0&0&0&0&0&0&0&0&0&0&0&0&0&0&0&0&0&0\\
0&0&0&0&0&0&0&0&0&0&0&0&0&1&0&0&0&0&0&0&0&0&0&0&0&0&0&0&0&0&0&0&0\\
0&0&0&0&0&0&0&0&0&0&0&1&0&0&0&0&0&0&0&0&0&0&0&0&0&0&0&0&0&0&0&0&0\\
0&0&0&0&0&0&0&0&0&0&0&0&0&1&0&0&0&0&0&0&0&0&0&0&0&0&0&0&0&0&0&0&0\\
0&0&0&0&0&0&0&0&0&0&0&0&0&0&0&0&0&1&0&0&0&0&0&0&0&0&0&0&0&0&0&0&0\\
0&0&0&0&0&0&0&0&0&0&0&0&0&0&0&0&0&1&0&0&0&0&0&0&0&0&0&0&0&0&0&0&0\\
0&0&0&0&0&0&0&0&0&0&0&0&1&0&0&0&0&0&0&0&0&0&0&0&0&0&0&0&0&0&0&0&0\\
0&0&0&0&0&0&0&0&0&0&0&0&0&0&0&1&0&0&0&0&0&0&0&0&0&0&0&0&0&0&0&0&0\\
0&0&0&0&0&0&0&0&0&0&0&0&0&0&0&0&0&1&0&0&0&0&0&0&0&0&0&0&0&0&0&0&0\\
0&0&0&0&0&0&0&0&0&0&0&0&0&0&0&0&0&1&0&0&0&0&0&0&0&0&0&0&0&0&0&0&0\\
0&0&0&0&0&0&0&0&0&0&0&0&0&0&0&0&0&0&0&0&1&1&1&0&0&0&0&0&0&0&0&0&0\\
0&0&0&0&0&0&0&0&0&0&0&1&0&0&0&0&0&1&0&0&0&0&0&0&0&0&0&0&0&0&0&0&0\\
0&0&0&0&0&0&0&0&0&0&0&0&0&0&0&0&0&0&0&0&0&0&0&0&0&0&0&0&0&0&0&0&1\\
0&0&0&0&0&0&0&0&0&0&0&0&0&0&0&0&0&0&0&0&0&0&0&0&0&0&0&0&0&0&0&0&1\\
0&0&0&0&0&0&0&0&0&0&0&0&0&0&0&0&0&0&0&0&0&0&0&0&0&0&0&0&0&0&0&0&1\\
0&0&0&0&0&0&0&0&0&0&0&0&0&0&0&0&0&0&0&0&0&0&0&0&0&0&0&0&0&0&0&0&0
\end{bmatrix}
$$

（5）绘制 AISM 模型。根据各隐患间的关联性与抽取结果，分别绘制 UP 型、DOWN 型拓扑图，如图 5-1 所示。

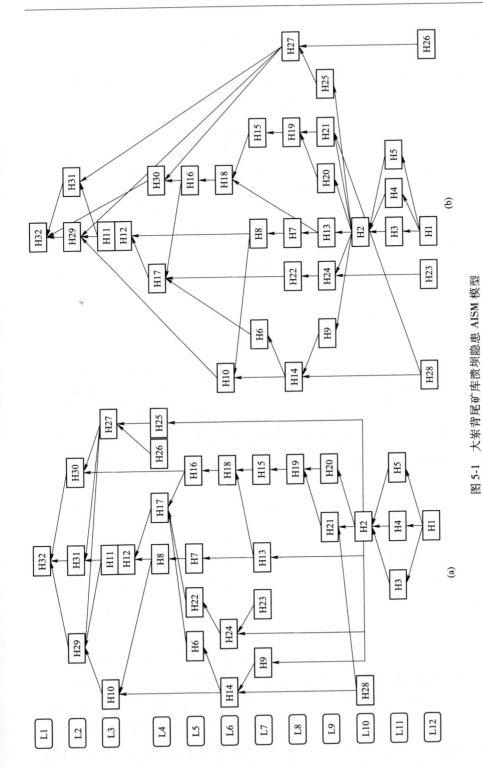

图 5-1　大茶背尾矿库溃坝隐患 AISM 模型

(a) 以结果为导向的 UP 型拓扑图；(b) 以原因为导向的 DOWN 型拓扑图

5.2.3　大紫背尾矿库溃坝隐患 MICMAC 模型分析

根据式（2-12）、式（2-13）及可达矩阵 $\boldsymbol{M}_D$，计算各隐患的驱动力和依赖度值，结果见表 5-3，驱动力-依赖度值关系如图 5-2 所示。

表 5-3　大紫背尾矿库隐患驱动力值 D_{ri} 和依赖度值 D_{ei}

隐患	D_{ri}	D_{ei}	隐患	D_{ri}	D_{ei}	隐患	D_{ri}	D_{ei}	隐患	D_{ri}	D_{ei}
H1	29	1	H9	8	6	H17	6	20	H25	6	6
H2	25	5	H10	3	12	H18	9	12	H26	6	1
H3	26	2	H11	4	23	H19	11	9	H27	5	8
H4	26	2	H12	4	23	H20	12	6	H28	16	1
H5	26	2	H13	13	6	H21	12	7	H29	2	29
H6	7	9	H14	9	9	H22	7	8	H30	2	17
H7	8	7	H15	10	10	H23	9	1	H31	2	28
H8	7	8	H16	8	13	H24	8	7	H32	1	32

（1）自主象限 I。如图 5-2 所示，位于该象限的隐患最多，共计 20 个。该类隐患具有一定的驱动力和依赖度，演化关系强度较大，对尾矿库溃坝演化起到承上启下的作用，应优先对这些隐患采取风险预控措施，保障尾矿库的安全稳定。

譬如调洪库容不足（H18）这一隐患，该隐患在 AISM 模型中均处于中间级次（L6）。未按设计均匀放矿（H13）、库水位过高（H15）都会导致 H18，而 H18 又会导致安全超高或干滩长度不足（H16），进而导致浸润线埋深小于控制浸润线（H17）、漫顶（H30）、渗流（H31）等隐患。企业应采取针对性的风险预控措施降低库水位，进而增大调洪库容，保证尾矿库安全超高和干滩长度，保证浸润线埋深符合标准规范要求。

（2）独立象限 II。如图 5-2 所示，位于该象限的隐患因素共计 6 个。其中 2 个隐患属于管理缺陷，分别为安全生产教育培训不到位（H1）和事故隐患排查治理不到位（H2）；3 个隐患属于人的不安全行为隐患，包括安全意识不足（H3）、专业知识技能欠缺（H4）、安全行为习惯不佳（H5）等隐患，均置于 AISM 模型（UP 型、DOWN 型）的最下层，是导致尾矿库溃坝的主要因素。

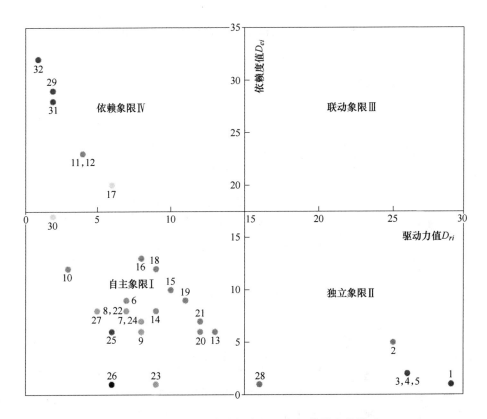

图 5-2   大紫背尾矿库溃坝隐患驱动力-依赖度值关系

这类隐患驱动力值较高，一般无法通过其他隐患治理消除其影响，因此应改善人的不安全行为，提高组织的安全管理水平，进而最大程度上保证尾矿库的安全状态，降低尾矿库溃坝风险。对于暴雨（H28）这一隐患，属于物的不安全状态，基本不会受其他隐患影响，驱动力值为16，表明该隐患也会对其他隐患因素造成影响，但影响程度低于人的不安全行为。

（3）依赖象限Ⅳ。如图 5-2 所示，位于该象限的隐患因素共计6个。这6个隐患因素基本置于 AISM 模型的上层，是导致尾矿库溃坝事故的直接原因，譬如滑坡（H29）、漫顶（H30）、渗流（H31）等，较难影响到其他隐患因素，可通过对自发象限隐患、独立象限隐患的管控，治理、消除该象限的尾矿库隐患。

（4）联动象限Ⅲ。该象限不包含任何隐患因素，说明选取的隐患因素稳定性较好，都处于可控范围。不存在受其他因素影响较大且对系统产生较大影响的因素，即不会因单一隐患因素而导致溃坝事故。

5.3 大崇背尾矿库溃坝风险表征

5.3.1 溃坝可能性等级

结合大崇背尾矿库风险现状，确定 22 个输入参数 X_i，进而运用 3.1 节中建立的基于 SSA-SVM 的溃坝可能性等级预测模型，确定大崇背尾矿库溃坝可能性等级。各输入参数 X_i 的取值及其依据见表 5-4。

表 5-4 SSA-SVM 模型输入参数取值及依据

指标	取值	依 据
X_1	0	该尾矿库库区及坝上不存在违章建筑、施工、爆破、乱采、滥挖尾矿等违章活动
X_2	0	无设计以外尾矿、废料或废水进入该尾矿库
X_3	0	该尾矿库采用旋流器放矿，分散均匀放矿
X_4	0	该尾矿库严格按设计要求放矿
X_5	0	库区年平均气温 18.5~19.0℃，一月平均气温 10.9℃，七月平均气温 27.8℃，不存在高寒问题，也就不存在冬季冰下放矿问题
X_6	0	尾矿坝最终堆积标高 452m，设计总库容为 7000.1 万立方米，有效库容为 5950.09 万立方米。目前尾矿库筑坝第 37 级子坝（标高 445m）已堆筑完成，现状堆积坝标高 447.5m，未超高或超库容运行
X_7	0	堆积坝上升速率符合设计要求，不存在子坝堆筑过快
X_8	0	尾矿主坝、副坝堆积坝平均外坡均比为 1∶5，大于标准规定的 1∶3
X_9	0	该尾矿库主坝、副坝坝坡抗滑稳定性安全系数满足要求
X_{10}	0	子坝平台内侧修建了 0.5m×0.5m 的矩形断面水平排水沟，同时在坝坡面设置了人字形排水沟，排水沟采用 C20 砼结构。坝面排水沟结构完好，无破损、淤堵
X_{11}	0	初期坝、堆积坝两侧坝肩与山坡交界处均修建了坝肩截洪沟，均采用 C20 砼结构。坝肩截洪沟结构完好，无破损、淤堵
X_{12}	0	堆积坝外护坡植被茂密，设有 0.5m×0.5m 人字形排水沟，排水沟采用预制形式，壁厚 0.1m
X_{13}	0	坝体完好，未出现塌陷、变形、裂缝、渗漏、沼泽化等异常情况
X_{14}	0	尾矿库采用排水井-排水斜槽-隧洞排洪。排水井设有清晰的水位标尺，排洪设施运行正常，排洪能力满足需求
X_{15}	0	主坝、副坝滩顶标高分别为 446m、445.0m，库内现状水位标高约 440m，安全超高约 6m、5m；满足标准对二等库的要求，即最小安全超高不小于 1.0m
X_{16}	0	主坝坝顶标高 447.5m，滩顶标高 446m，干滩长度约 425.5m；副坝干滩长度约 300m，满足标准对二等库的要求，即最小干滩长度不小于 100m

指标	取值	依 据
X_{17}	0	浸润线埋深均大于 15m，平均埋深为 25m 左右，小于控制浸润线埋深（堆积坝高 100m>H≥60m 时，浸润线最小埋深 6~4m）
X_{18}	0	定期聘请专业机构对尾矿库稳定性进行评估
X_{19}	0	该尾矿库设置了安全机构及安全委员会，其中尾矿库安全管理资格证 3 人，尾矿工资格证 40 人
X_{20}	0	尾矿库设置了在线监测系统，主要包括坝体位移、浸润线、库水位、雨量监测和视频监控等设施
X_{21}	0	企业指定专门人员对在线监测系统进行维护，目前在线监测系统运行正常
X_{22}	0	目前该尾矿库在线监测系统的监测数据定期汇总，并进行数据对比、分析

因此，可得 SSA-SVM 预测模型的输入 X_i：

$$X_i = [0\ 0\ 0\ 0\ 0\ 0\ 0\ 0\ 0\ 0\ 0\ 0\ 0\ 0\ 0\ 0\ 0\ 0\ 0\ 0\ 0\ 0]$$

$$(5-3)$$

进而可得 SSA-SVM 预测模型的输出为 $Y_i = 1$，表明该尾矿库溃坝可能性等级为Ⅳ级，溃坝可能性很低。

5.3.2 溃坝事件强度等级

目前堆积坝顶标高 447.5m，尾矿坝高 167.7m，总库容约 6572 万立方米。则根据 3.2 节中建立的基于 GWO-SVR 的尾砂下泄量预测模型，输出的尾砂下泄量预测值为 6.8159。

根据式（3-51），对 GWO-SVR 预测模型的输出值进行反标准化：

$$V_F = 10^{6.8159} = 6.54 \times 10^6 \text{m}^3 \qquad (5-4)$$

即大紫背尾矿库溃坝尾砂下泄量预测值为 6.54×10^{6}m^3。

将 V_F 值代入式（3-71）可得尾砂最大下泄距离 D_{max}：

$$D_{max} = 3.04 \times \left(\frac{167.7 \times 6.54^2}{65.72} \right)^{0.545} = 39.23 \text{km} \qquad (5-5)$$

根据表 3-12 溃坝事件强度等级划分，在 $V_F = 6.54 \times 10^6$m^3，$D_{max} = 39.23$km 时，判定大紫背尾矿库溃坝事件强度等级为Ⅱ级，数值表示为 3。

5.3.3 承灾体暴露等级

为表征大紫背尾矿库溃坝承灾体暴露等级，分别对其人员、经济、环境、社会等 4 类承灾体的暴露度进行等级确定。

（1）人员暴露度。该尾矿库下游全村居民已全部搬迁至当地县城，库区及下游已无大中型居民区。因此，在库区下游及周边基本不存在受到溃坝影响的人员，根据表 3-18 对人员暴露等级的划分，可知大紫背尾矿库溃坝人员暴露等级为Ⅳ级，数值表示为 1。

（2）经济暴露度。经济暴露度可根据溃坝可能造成的经济损失来衡量，包括尾矿库自身损失及下游居民住房、工商业资产、水电通信设施以及农作物等能够用货币度量的财产损失。

该尾矿库下游主要存在堆浸场、大坝两个主要工业设施。其中下游 2km 内为铜矿堆浸场工业用地，该堆浸场直接压覆在尾矿库下游坝坡上，1#初期坝下游压覆标高约 3170m，2#初期坝下游压覆标高约 385m。后续堆浸场将继续在 1#坝下游堆存，进而完全覆盖 1#初期坝。与该堆浸场相连接的为一座兼具拦渣、挡水功能的某大坝，尾矿库排洪隧洞出口位于该大坝，即尾矿库汇水排向大坝内。

若该尾矿库溃坝，将会对下游这两个主要工业设施造成较大的危害，根据表 3-19，取堆浸场、大坝的损失率为 89.3%，根据从企业获取的相关数据可将两个工业设施的灾前价值分别取为 7500 万元、3200 万元，则造成的经济损失 E_{eco} 为：

$$E_{eco} = 7500 \times 89.3\% + 3200 \times 89.3\% = 9555.1 \text{ 万元} \tag{5-6}$$

根据表 3-20 对经济暴露等级的划分，可知大紫背尾矿库溃坝经济暴露等级为Ⅱ级，数值表示为 3。

（3）环境暴露度。该尾矿库存储的主要为铜矿浮选尾矿，不属于危险废弃物，但由于该尾矿库库容、坝高均较大，一旦溃坝将会对较大区域造成危害，根据表 3-21 对环境暴露等级的划分，可知大紫背尾矿库溃坝环境暴露等级为Ⅲ级，数值表示为 2。

（4）社会暴露度。由于该尾矿库下游及周边已无中大型居民聚集区，且无重要自然文化遗产、社区文化资产等，因此根据表 3-22 对社会暴露等级的划分，可知大紫背尾矿库溃坝社会暴露等级为Ⅳ级，数值表示为 1。

（5）承灾体暴露度。结合人员、经济、环境及社会等 4 类承灾体的暴露等级及赋值，根据式（3-76）计算承灾体暴露指数：

$$E_G = 0.5 \times 1 + 0.2 \times 3 + 0.2 \times 2 + 0.1 \times 1 = 1.6 \tag{5-7}$$

则根据表 3-23 对承灾体暴露等级的划分，可知该尾矿库溃坝的承灾体暴露等级为Ⅳ级，数值表示为 1。

5.3.4 风险等级

综上可知，该尾矿库溃坝可能性等级、事件强度等级、承灾体暴露等级分别为Ⅳ级、Ⅱ级、Ⅳ级，数值表示分别为1、3、1，则根据式（3-78）可得该尾矿库溃坝风险指数为：

$$G = \sqrt{P_i^2 + I_j^2 + E_k^2} = \sqrt{1^2 + 3^2 + 1^2} = 3.32 \tag{5-8}$$

因此，根据表3-24对尾矿库溃坝风险等级的划分，该尾矿库的风险等级为Ⅳ级，发生溃坝的风险很低。该结果也与2021年专业机构对大崇背尾矿库安全评价报告的结果相吻合。评价结果表明，大崇背尾矿库初期坝、堆积坝、排洪系统、排渗系统、安全监测系统、安全管理等均符合国家法律、法规及设计要求，该尾矿库运行正常。

5.4 大崇背尾矿库风险预控措施

基于5.2节中的隐患辨识及演化关系分析结果，本节选取了一条较为关键的演化途径，针对该演化途径涉及的具体隐患，提出一些针对性的风险预控措施，建立了该尾矿库溃坝风险预控的BT模型。

本节中选取的隐患演化途径为"安全生产教育培训不到位H1→安全意识不足H3→事故隐患排查治理不到位H2→排洪设施结构破坏H20→排洪设施能力不足或失效H19→库水位过高H15→调洪库容不足H18→安全超高或干滩长度不足H16→浸润线埋深小于控制浸润线H17→坝体出现严重管涌、流土变形等现象H11→渗流H31→溃坝H32"，共涉及12个隐患，各隐患的驱动力值、依赖度值如图5-3所示。

从图5-3中可以看出，选取的12个隐患的驱动力值或依赖度值均较大，其对应的演化途径具有一定的代表性。随着隐患的演化，其驱动力值逐渐变小，表明隐患对其他隐患的影响程度逐渐降低；而依赖度值逐渐变大，表明隐患受其他隐患的影响程度逐渐提高。

针对上述演化途径涉及的具体隐患（见图5-3），基于风险预控的5个层级，共提出54条具体的预控措施，其中消除层级的措施12条，替代层级的措施1条，工程含隔离层级的措施21条，管理含监测层级的措施20条。且各层级措施的符号表示与4.4节中一致。最终，建立的大崇背尾矿库溃坝风险预控BT模型如图5-4所示。

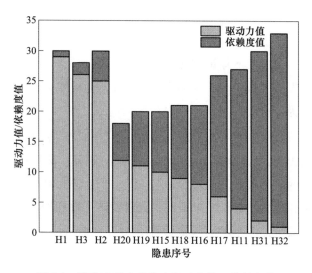

图 5-3 演化途径中的隐患驱动力值、依赖度值

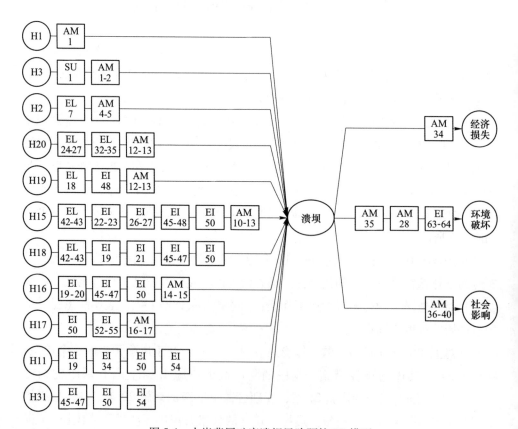

图 5-4 大崇背尾矿库溃坝风险预控 BT 模型

5.5 本章小结

本章以福建大帝背尾矿库为对象进行了工程应用。

首先是基于证据的隐患辨识，根据该尾矿库历年安全评价报告，并且结合类似尾矿库管理实践经验，辨识出了 32 种隐患；基于溃坝隐患 AISM 模型，将这 32 种隐患划分为了 12 个级次，绘制了一组"以结果为导向的 UP 型""以原因为导向的 DOWN 型"多级递阶有向拓扑图；进而基于 MICMAC 模型分析，绘制了隐患的驱动力-依赖度值关系图，分布在自主象限、独立象限、依赖象限的隐患分别为 20 种、6 种、6 种，分别置于 AISM 模型的中间级次、较低级次、较高级次。

其次对该尾矿库的溃坝风险进行了表征。根据尾矿库实际运行情况，确定了 22 个输入参数值，通过基于 SSA-SVM 的溃坝可能性等级预测模型的输出标签，确定了该尾矿库溃坝可能性等级为 Ⅳ 级，数值表示为 1。运用 GWO-SVR 预测模型，确定了尾砂下泄量为 $6.54 \times 10^6 \mathrm{m}^3$，进而得出尾砂最大下泄距离为 39.23km，确定了该尾矿库的溃坝事件强度等级为 Ⅱ 级，数值表示为 3。对于人员、经济、环境、社会这 4 类承灾体，其暴露等级分别为 Ⅳ、Ⅱ、Ⅲ、Ⅳ级，根据其承灾体暴露指数确定暴露等级为 Ⅳ 级，数值表示为 1。最终得出该尾矿库溃坝风险指数为 3.32，风险等级为 Ⅳ 级，属于低风险。

最后基于隐患演化关系分析，选取了该尾矿库一条包含 12 个具体隐患的隐患演化途径，"安全生产教育培训不到位 H1→安全意识不足 H3→事故隐患排查治理不到位 H2→排洪设施结构破坏 H20→排洪设施能力不足或失效 H19→库水位过高 H15→调洪库容不足 H18→安全超高或干滩长度不足 H16→浸润线埋深小于控制浸润线 H17→坝体出现严重管涌、流土变形等现象 H11→渗流 H31→溃坝 H32"。基于风险预控的 5 个层级，针对具体隐患提出了 54 条风险预控措施，包括消除层级的措施 12 条，替代层级的措施 1 条，工程含隔离层级的措施 21 条，管理含监测层级的措施 20 条。

6 工程应用 II - 980 沟尾矿库

6.1 工程背景

2008 年 9 月 8 日，山西省临汾市襄汾县新塔矿业有限公司 980 沟尾矿库发生溃坝事故。大量尾砂裹挟着废水瞬间下泄，形成了长达 2km 的泥石流灾害，将位于库区下游约 500m 的集贸市场、办公楼、派出所、电影院全部淹没，新塔矿业公司变电站及医院部分房屋冲毁。此次事故造成 277 人死亡、4 人失踪、34 人受伤，直接经济损失 9616.2 万元。

该尾矿库原属于临汾钢铁公司塔儿山铁矿，1977 年建设，初期坝坝高 8m，1988 年停用，总坝高 36.4m，堆积坝坝高 28.4m，堆积尾砂 19 万立方米。1988 年停用后，采取了碎石填平、黄土覆盖坝顶、植树绿化、库区上方建设排洪明渠等闭库处理措施。2000 年，临钢公司拟重新启用该尾矿库，新堆筑 7m 高的黄土子坝，但基本未排尾。2005 年塔儿山铁矿产权公开拍卖给新塔矿业公司。

2007 年 9 月，新塔公司擅自在停用的 980 沟尾矿库上筑坝放矿，堆至最终坝高 50.7m，总库容约 36.8 万立方米，存储尾砂约 29.4 万立方米，新增尾砂 10.3 万立方米。堆筑的堆积坝下游坡比为 1：1.38。为解决选矿厂用水不足的问题，新塔公司在库内违规超量蓄水，开始放矿前在原尾矿库沉积滩面及黄土子坝上游坡面铺设塑料膜；在子坝堆筑过程中，又多次在沉积滩面上铺设塑料膜，导致库内水位过高，干滩长度过短，浸润线抬升。

2008 年年初以来，尾矿坝子坝脚多次出现渗水。事故前 1 个月，新塔公司采用渗透性很差的黄土进行贴坡（厚度 4m），防止渗水并加大坝顶宽度。新建贴坡体与原黄土子坝连成一体，在堆积坝外坡形成一道堵水斜墙，加之铺设的塑料膜，库内水无法外渗，使库内水边线直逼坝前，无法形成干滩，同时浸润线快速升高，坝体处于饱和状态，形成一个高势能饱和体。该尾矿库溃坝前的工程现状简图如图 6-1 所示。

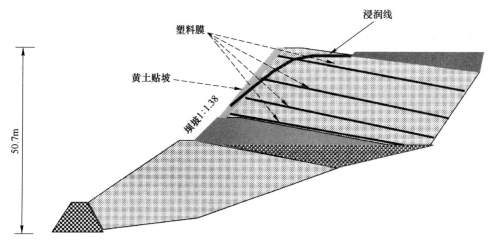

图 6-1　980 沟尾矿库溃坝前工程现状

6.2　980 沟尾矿库隐患辨识及演化关系分析

6.2.1　隐患辨识

根据第 2 章中提出的隐患辨识规则以及成果，结合事故调查报告，对 980 沟尾矿库溃坝事故进行隐患辨识，隐患清单见表 6-1。

表 6-1　980 沟尾矿库事故隐患清单

序号	隐　　患	序号	隐　　患
H1	不符合"三同时"制度	H12	坝坡过陡
H2	安全生产责任制不健全	H13	坝体抗滑稳定性不佳
H3	安全生产规章制度、操作规程不健全	H14	库水位过高
H4	未按国家规定配备专职安全生产管理人员、专业技术人员和特种作业人员	H15	安全超高或干滩长度不足
H4	未按国家规定配备专职安全生产管理人员、专业技术人员和特种作业人员	H16	浸润线埋深小于控制浸润线埋深
H5	未按规定对尾矿坝进行全面的安全性复核	H17	库区违规蓄水
H6	事故隐患排查治理不到位	H18	排洪设施能力不足或失效
H7	子坝堆筑质量不佳	H19	排渗设施能力不足或失效
H8	坝体碾压、夯实不佳	H20	未按设计设置安全监测系统
H9	坝面未设置排水沟	H21	监测系统缺陷
H10	坝肩未设置截洪沟	H22	渗流
H11	坝面维护设施设置不当	H23	溃坝

6.2.2　溃坝隐患 AISM 模型分析

通过建立 980 沟尾矿库溃坝隐患邻接矩阵、生成可达矩阵及一般性骨架矩阵、可达矩阵级间划分等，建立 980 沟尾矿库溃坝隐患 AISM 模型。

（1）建立 980 沟尾矿库溃坝隐患邻接矩阵 $\boldsymbol{A}_D$。

$$\boldsymbol{A}_D = \begin{bmatrix}
0 & 1 & 1 & 0 & 1 & 1 & 0 & 0 & 1 & 1 & 0 & 0 & 0 & 0 & 0 & 0 & 0 & 0 & 0 & 1 & 0 & 0 & 1 \\
1 & 0 & 1 & 1 & 1 & 1 & 0 & 0 & 0 & 0 & 0 & 0 & 0 & 0 & 0 & 0 & 0 & 1 & 0 & 0 & 0 & 0 & 1 \\
1 & 0 & 0 & 1 & 1 & 1 & 1 & 1 & 1 & 1 & 1 & 1 & 0 & 1 & 1 & 1 & 1 & 0 & 0 & 0 & 1 & 0 & 1 \\
0 & 0 & 0 & 0 & 1 & 1 & 0 & 0 & 0 & 0 & 0 & 1 & 0 & 0 & 0 & 0 & 0 & 0 & 0 & 0 & 0 & 0 & 1 \\
0 & 0 & 0 & 0 & 0 & 1 & 0 & 0 & 0 & 0 & 0 & 1 & 0 & 1 & 1 & 1 & 0 & 1 & 1 & 0 & 1 & 0 & 1 \\
0 & 0 & 0 & 0 & 0 & 0 & 1 & 1 & 1 & 1 & 0 & 1 & 1 & 1 & 1 & 0 & 1 & 1 & 0 & 1 & 1 & 0 & 1 \\
0 & 0 & 0 & 0 & 0 & 0 & 0 & 0 & 0 & 0 & 0 & 1 & 0 & 0 & 0 & 0 & 0 & 0 & 0 & 0 & 0 & 1 & 1 \\
0 & 0 & 0 & 0 & 0 & 1 & 0 & 0 & 0 & 0 & 0 & 1 & 0 & 0 & 0 & 0 & 0 & 0 & 0 & 0 & 0 & 0 & 1 \\
0 & 0 & 0 & 0 & 0 & 1 & 0 & 0 & 0 & 0 & 1 & 0 & 1 & 0 & 0 & 0 & 0 & 1 & 0 & 0 & 0 & 0 & 1 \\
0 & 0 & 0 & 0 & 0 & 1 & 0 & 0 & 0 & 0 & 1 & 0 & 1 & 0 & 0 & 0 & 0 & 1 & 0 & 0 & 0 & 0 & 1 \\
0 & 0 & 0 & 0 & 0 & 1 & 0 & 0 & 0 & 0 & 0 & 1 & 0 & 0 & 0 & 0 & 0 & 0 & 0 & 0 & 0 & 0 & 1 \\
0 & 0 & 0 & 0 & 0 & 0 & 0 & 0 & 0 & 0 & 0 & 0 & 1 & 0 & 0 & 0 & 0 & 0 & 0 & 0 & 0 & 1 & 1 \\
0 & 0 & 0 & 0 & 0 & 0 & 0 & 0 & 0 & 0 & 0 & 0 & 0 & 0 & 0 & 0 & 0 & 0 & 0 & 0 & 0 & 0 & 1 \\
0 & 0 & 0 & 0 & 0 & 0 & 0 & 0 & 0 & 0 & 0 & 0 & 0 & 1 & 0 & 1 & 1 & 0 & 0 & 0 & 0 & 1 & 1 \\
0 & 0 & 0 & 0 & 0 & 0 & 0 & 0 & 0 & 0 & 0 & 0 & 0 & 1 & 0 & 0 & 1 & 0 & 0 & 0 & 0 & 1 & 1 \\
0 & 0 & 0 & 0 & 0 & 0 & 0 & 0 & 0 & 0 & 0 & 0 & 0 & 0 & 0 & 0 & 0 & 0 & 0 & 0 & 0 & 1 & 1 \\
0 & 0 & 0 & 0 & 0 & 0 & 0 & 0 & 0 & 0 & 0 & 0 & 0 & 1 & 1 & 1 & 0 & 0 & 0 & 0 & 0 & 1 & 1 \\
0 & 0 & 0 & 0 & 0 & 0 & 0 & 0 & 0 & 0 & 0 & 0 & 0 & 1 & 1 & 1 & 0 & 0 & 0 & 0 & 0 & 1 & 1 \\
0 & 0 & 0 & 0 & 0 & 0 & 0 & 0 & 0 & 0 & 0 & 0 & 0 & 1 & 0 & 0 & 1 & 0 & 0 & 0 & 0 & 1 & 1 \\
0 & 0 & 0 & 0 & 0 & 0 & 0 & 0 & 0 & 0 & 0 & 0 & 0 & 0 & 0 & 0 & 0 & 0 & 0 & 0 & 1 & 0 & 1 \\
0 & 0 & 0 & 0 & 0 & 0 & 0 & 0 & 0 & 0 & 0 & 0 & 0 & 0 & 0 & 0 & 0 & 0 & 0 & 0 & 0 & 1 & 1 \\
0 & 0 & 0 & 0 & 0 & 0 & 0 & 0 & 0 & 0 & 0 & 0 & 0 & 0 & 0 & 0 & 0 & 0 & 0 & 0 & 0 & 0 & 1 \\
0 & 0 & 0 & 0 & 0 & 0 & 0 & 0 & 0 & 0 & 0 & 0 & 0 & 0 & 0 & 0 & 0 & 0 & 0 & 0 & 0 & 0 & 0
\end{bmatrix}$$

（2）生成 980 沟尾矿库溃坝隐患的可达矩阵 $\boldsymbol{M}_D$。根据式（2-3）、式（2-4），采用 MATLAB 对（$\boldsymbol{A}_D + \boldsymbol{I}_0$）经过 2 次布尔运算，最终可得到 980 沟尾矿库溃坝隐患因素的可达矩阵 $\boldsymbol{M}_D$：

$$\boldsymbol{M}_D = (\boldsymbol{A}_D + \boldsymbol{I}_0)^3 = (\boldsymbol{A}_D + \boldsymbol{I}_0)^2 \neq \boldsymbol{A}_D + \boldsymbol{I}_0 \tag{6-1}$$

（3）可达矩阵 $\boldsymbol{M}_D$ 级间划分。根据生成的 980 沟尾矿库溃坝隐患因素可达矩阵 $\boldsymbol{M}_D$ 进行级间划分。最终得到的溃坝隐患对抗级次抽取结果见表 6-2。

表 6-2　溃坝隐患对抗级次抽取结果

级次	以结果为导向的 UP 型	以原因为导向的 DOWN 型
L1	H23	H23
L2	H13, H22	H13, H22
L3	H7, H12, H16, H21	H16
L4	H8, H11, H15, H19, H20	H15
L5	H14	H7, H14
L6	H17, H18	H11, H18
L7	H9, H10	H9, H10, H12, H19, H21
L8	H6	H6
L9	H5	H5
L10	H4	H4, H8, H17, H20
L11	H1, H2, H3	H1, H2, H3

（4）生成 980 沟尾矿库溃坝隐患的一般性骨架矩阵 $\boldsymbol{S}_D$。根据式（2-10）、式（2-11），得到 980 沟尾矿库溃坝隐患的一般性骨架矩阵 $\boldsymbol{S}_D$：

$$S_D = \begin{bmatrix}
0 & 0 & 1 & 1 & 0 & 0 & 0 & 1 & 0 & 0 & 0 & 0 & 0 & 0 & 0 & 0 & 0 & 1 & 0 & 0 & 1 & 0 & 0 & 0 \\
0 & 1 & 0 & 1 & 0 & 0 & 0 & 1 & 0 & 0 & 0 & 0 & 0 & 0 & 0 & 0 & 0 & 1 & 0 & 0 & 1 & 0 & 0 & 0 \\
1 & 0 & 0 & 1 & 0 & 0 & 1 & 0 & 0 & 0 & 0 & 0 & 0 & 0 & 0 & 0 & 0 & 1 & 0 & 0 & 1 & 0 & 0 & 0 \\
0 & 0 & 0 & 0 & 1 & 0 & 0 & 0 & 0 & 0 & 0 & 0 & 0 & 0 & 0 & 0 & 0 & 0 & 0 & 0 & 0 & 0 & 0 & 0 \\
0 & 0 & 0 & 0 & 0 & 1 & 0 & 0 & 0 & 0 & 0 & 0 & 0 & 0 & 0 & 0 & 0 & 0 & 0 & 0 & 0 & 0 & 0 & 0 \\
0 & 0 & 0 & 0 & 0 & 0 & 0 & 0 & 1 & 1 & 0 & 1 & 0 & 0 & 0 & 0 & 0 & 0 & 1 & 0 & 1 & 0 & 0 & 0 \\
0 & 0 & 0 & 0 & 0 & 0 & 0 & 0 & 0 & 0 & 0 & 0 & 1 & 0 & 0 & 0 & 0 & 0 & 0 & 0 & 0 & 1 & 0 & 0 \\
0 & 0 & 0 & 0 & 0 & 1 & 0 & 0 & 0 & 0 & 0 & 0 & 0 & 0 & 0 & 0 & 0 & 0 & 0 & 0 & 0 & 0 & 0 & 0 \\
0 & 0 & 0 & 0 & 0 & 0 & 0 & 0 & 0 & 0 & 1 & 0 & 0 & 0 & 0 & 0 & 0 & 1 & 0 & 0 & 0 & 0 & 0 & 0 \\
0 & 0 & 0 & 0 & 0 & 0 & 0 & 0 & 0 & 0 & 1 & 0 & 0 & 0 & 0 & 0 & 0 & 1 & 0 & 0 & 0 & 0 & 0 & 0 \\
0 & 0 & 0 & 0 & 0 & 1 & 0 & 0 & 0 & 0 & 0 & 0 & 0 & 0 & 0 & 0 & 0 & 0 & 0 & 0 & 0 & 0 & 0 & 0 \\
0 & 0 & 0 & 0 & 0 & 0 & 0 & 0 & 0 & 0 & 0 & 0 & 1 & 0 & 0 & 0 & 0 & 0 & 0 & 0 & 0 & 1 & 0 & 0 \\
0 & 0 & 0 & 0 & 0 & 0 & 0 & 0 & 0 & 0 & 0 & 0 & 0 & 0 & 0 & 0 & 0 & 0 & 0 & 0 & 0 & 0 & 0 & 1 \\
0 & 0 & 0 & 0 & 0 & 0 & 0 & 0 & 0 & 0 & 0 & 0 & 0 & 0 & 0 & 0 & 1 & 0 & 0 & 0 & 0 & 0 & 0 & 0 \\
0 & 0 & 0 & 0 & 0 & 0 & 0 & 0 & 0 & 0 & 0 & 0 & 0 & 0 & 0 & 1 & 0 & 0 & 0 & 0 & 0 & 0 & 0 & 0 \\
0 & 0 & 0 & 0 & 0 & 0 & 0 & 0 & 0 & 0 & 0 & 0 & 1 & 0 & 0 & 0 & 0 & 0 & 0 & 0 & 0 & 1 & 0 & 0 \\
0 & 0 & 0 & 0 & 0 & 0 & 0 & 0 & 0 & 0 & 0 & 0 & 0 & 1 & 0 & 0 & 0 & 0 & 0 & 0 & 0 & 0 & 0 & 0 \\
0 & 0 & 0 & 0 & 0 & 0 & 0 & 0 & 0 & 0 & 0 & 0 & 0 & 1 & 0 & 0 & 0 & 0 & 0 & 0 & 0 & 0 & 0 & 0 \\
0 & 0 & 0 & 0 & 0 & 0 & 0 & 0 & 0 & 0 & 0 & 0 & 0 & 0 & 1 & 0 & 0 & 0 & 0 & 0 & 0 & 0 & 0 & 0 \\
0 & 0 & 0 & 0 & 0 & 0 & 0 & 0 & 0 & 0 & 0 & 0 & 0 & 0 & 0 & 0 & 0 & 0 & 0 & 0 & 1 & 0 & 0 & 0 \\
0 & 0 & 0 & 0 & 0 & 0 & 0 & 0 & 0 & 0 & 0 & 0 & 1 & 0 & 0 & 0 & 0 & 0 & 0 & 0 & 0 & 1 & 0 & 0 \\
0 & 0 & 0 & 0 & 0 & 0 & 0 & 0 & 0 & 0 & 0 & 0 & 0 & 0 & 0 & 0 & 0 & 0 & 0 & 0 & 0 & 0 & 0 & 1 \\
0 & 0 & 0 & 0 & 0 & 0 & 0 & 0 & 0 & 0 & 0 & 0 & 0 & 0 & 0 & 0 & 0 & 0 & 0 & 0 & 0 & 0 & 0 & 0 \\
\end{bmatrix}$$

（5）绘制 AISM 模型。根据各隐患间的关联性与抽取结果，分别绘制 UP 型、DOWN 型拓扑图，如图 6-2 所示。

6.2.3　溃坝隐患 MICMAC 模型分析

根据式（2-12）、式（2-13）及可达矩阵 M_D，计算各隐患的驱动力和依赖度值，结果见表 6-3，驱动力-依赖度值关系如图 6-3 所示。

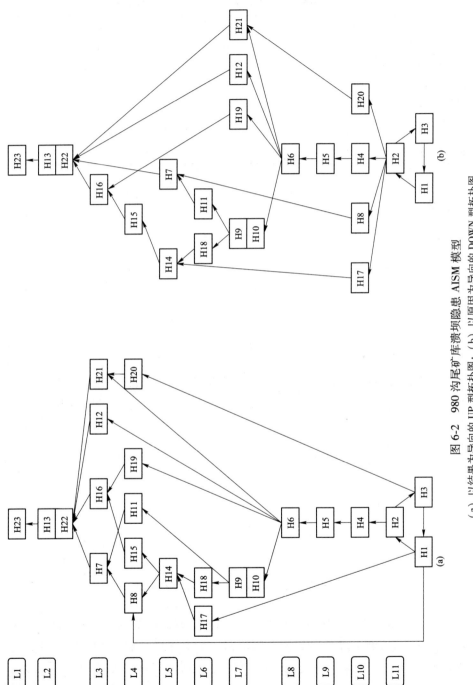

图 6-2 980 沟尾矿库溃坝隐患 AISM 模型

(a) 以结果为导向的 UP 型拓扑图; (b) 以原因为导向的 DOWN 型拓扑图

表 6-3　980 沟尾矿库隐患驱动力值 D_{ri} 和依赖度值 D_{ei}

隐患	D_{ri}	D_{ei}	隐患	D_{ri}	D_{ei}	隐患	D_{ri}	D_{ei}	隐患	D_{ri}	D_{ei}
H1	23	3	H7	4	11	H13	2	21	H19	5	7
H2	23	3	H8	5	4	H14	6	11	H20	5	4
H3	23	3	H9	10	7	H15	5	12	H21	4	8
H4	17	4	H10	10	7	H16	4	14	H22	2	21
H5	16	5	H11	5	9	H17	7	4	H23	1	23
H6	15	6	H12	4	7	H18	7	9			

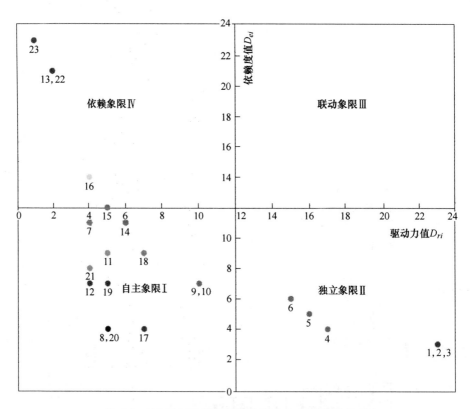

图 6-3　980 沟尾矿库溃坝隐患驱动力-依赖度值关系

（1）自主象限 I。如图 6-3 所示，位于该象限的隐患最多，共计 13 个。该类隐患具有一定的驱动力和依赖度，演化关系强度较大，对尾矿库溃坝演化起到承上启下的作用，应优先对这些隐患采取风险预控措施，保障尾矿库的安全稳定。

譬如库水位过高这一隐患，该隐患在 AISM 模型中处于中间级次（L5），驱动力值为6，依赖度值为11。库区违规蓄水、排洪设施能力不足或失效均会导库水位过高，而库水位过高又会导致安全超高或干滩长度不足，进而导致浸润线埋深小于控制浸润线、渗流等隐患。企业应采取针对性的风险预控措施降低库水位，保证尾矿库安全超高和干滩长度，保证浸润线埋深符合标准规范要求。

（2）独立象限Ⅱ。如图6-3所示，位于该象限的隐患因素共计6个，均属于管理缺陷和人的不安全行为隐患，包括不符合"三同时"制度，安全生产责任制不健全，安全生产规章制度、操作规程不健全，未按国家规定配备专职安全生产管理人员、专业技术人员和特种作业人员，未按规定对尾矿坝进行全面的安全性复核，事故隐患排查治理不到位等隐患。这些隐患均置于AISM模型（UP型、DOWN型）的较低级次，是导致尾矿库溃坝的主要因素。这类隐患驱动力值较高，一般无法通过其他隐患治理消除其影响，因此应改善人的不安全行为，提高组织的安全管理水平，进而最大程度上保证尾矿库的安全状态，降低尾矿库溃坝风险。

（3）依赖象限Ⅳ。如图6-3所示，位于该象限的隐患因素共计4个。这4个隐患因素基本置于AISM模型的上层，是导致尾矿库溃坝事故的直接原因，譬如坝体抗滑稳定性不佳、渗流，驱动力值为2，依赖度值为21，均置于AISM模型的L2级次。该象限的隐患因素较难影响到其他隐患因素，可通过对自发象限隐患、独立象限隐患的管控、治理，消除该象限的尾矿库隐患。

（4）联动象限Ⅲ。该象限不包含任何隐患因素，说明选取的隐患因素稳定性较好，都处于可控范围。不存在受其他因素影响较大且对系统产生较大影响的因素，即不会因单一隐患因素而导致溃坝事故。

6.3　980沟尾矿库溃坝风险表征

6.3.1　溃坝可能性等级

结合980沟尾矿库溃坝前风险现状，确定22个输入参数X_i，进而运用3.1节中建立的基于SSA-SVM的溃坝可能性等级预测模型，确定该尾矿库溃坝可能性等级。各输入参数X_i的取值为：

$$X_i = [0\ 0\ 0\ 0\ 0\ 0\ 0\ 1\ 3\ 2\ 2\ 1\ 1\ 3\ 3\ 3\ 3\ 1\ 1\ 1\ 1\ 1]$$

$$(6-2)$$

进而可得SSA-SVM预测模型的输出为$Y_i = 4$，表明该尾矿库溃坝可能性等级为Ⅰ级，溃坝可能性很高。

6.3.2　溃坝事件强度等级

溃坝前，980沟尾矿库坝高50.7m，总库容约36.8万立方米。则根据4.2节中建立的基于GWO-SVR的尾砂下泄量预测模型，输出的尾砂下泄量预测值为5.2195。

根据式（3-51），对GWO-SVR预测模型的输出值进行反标准化：

$$V_F = 10^{5.2195} = 0.17 \times 10^6 \text{m}^3 \tag{6-3}$$

即980沟尾矿库溃坝尾砂下泄量预测值为$0.17 \times 10^6 \text{m}^3$。

将V_F值代入式（3-71）可得尾砂最大下泄距离$D_{\max}$：

$$D_{\max} = 3.04 \times \left(\frac{50.7 \times 0.17^2}{0.368} \right)^{0.545} = 6.46 \text{km} \tag{6-4}$$

根据表3-12溃坝事件强度等级划分，在$V_F = 0.17 \times 10^6 \text{m}^3$，$D_{\max} = 6.46 \text{km}$时，判定980沟尾矿库溃坝事件强度等级为Ⅲ级，数值表示为2。

6.3.3　承灾体暴露等级

为表征980沟尾矿库溃坝承灾体暴露等级，分别对其人员、经济、环境、社会等4类承灾体的暴露度进行等级确定。

（1）人员暴露度。根据预测的尾砂最大下泄距离，受溃坝影响的人员主要分布在矿区家属楼、办公楼、派出所、集贸市场、医院等地点，基于王仪心等的研究成果，各地点人口分布及人员暴露计算见表6-4。

表6-4　人员暴露计算

受影响地点	P_i	K_g	K_{1i}	K_{2i}	K_{3i}	K_{4i}	K_i
矿区家属楼	1500	0.1	1	1.5	0.85	1	0.064
办公楼	500	0.1	1	0.75	0.85	1	0.032
派出所	30	0.1	0.8	1	0.7	1	0.028
集贸市场	800	0.1	1	0.75	0.85	1	0.032
医院	150	0.1	0.8	0.75	0.7	1	0.021

根据式（3-72），结合表6-4，计算得出980沟尾矿库溃坝可能导致的死亡人数为$P_D = 170$人，根据表3-18可知，该尾矿库的人员暴露等级为Ⅰ级，数值表示为4。

（2）经济暴露度。基于王仪心等的研究成果，该尾矿库溃坝的经济暴露计算见表6-5。

表6-5 经济暴露计算

财产类型		灾前价值/万元	损失率/%
单位财产及居民财产	居民住宅	5130	91.6
	办公楼	200	93.4
	医院	500	93.8
基础设施	道路	125	96.7
农林牧渔	耕地、林地	150	93.9
工商业	车辆及其他	1050	93.8

根据式（3-75），结合上表，计算得出该尾矿库的经济暴露为6601.51万元，根据表3-20对经济暴露等级的划分可知，该尾矿库经济暴露等级为Ⅱ级，数值表示为3。

（3）环境暴露度。襄汾塔儿山矿床为磁铁矿，选矿采用磁选法，不添加化学试剂，溃坝对下游造成影响的主要是尾矿中的重金属。根据后续的相关实地研究，溃坝影响区的土壤养分缺乏，土壤夯实不利耕作，且有重金属残留，但以国家标准仅处于低生态风险，仍可继续用于农业生产。结合潜在的环境受影响范围，根据表3-21，判断该尾矿库的环境暴露等级为Ⅲ级，数值表示为3。

（4）社会暴露度。此次尾矿库溃坝事故导致的人员伤亡、经济损失巨大，根据表3-22，判断该尾矿库的社会暴露等级为Ⅱ级，数值表示为3。

（5）承灾体暴露度。根据式（3-77），计算该尾矿库的承灾体暴露指数：

$$E_C = 0.5 \times 4 + 0.2 \times 3 + 0.2 \times 2 + 0.1 \times 3 = 3.3 \tag{6-5}$$

则该尾矿库的承灾体暴露等级为Ⅰ级，数值表示为4。

6.3.4 风险等级

综上可知，该尾矿库溃坝可能性等级、事件强度等级、承灾体暴露等级分别为Ⅰ级、Ⅲ级、Ⅰ级，数值表示分别为4、2、4，则根据式（3-78）可得该尾矿库溃坝风险指数为：

$$G = \sqrt{P_i^2 + I_j^2 + E_k^2} = \sqrt{4^2 + 2^2 + 4^2} = 6 \tag{6-6}$$

因此，根据表 3-24 对尾矿库溃坝风险等级的划分，该尾矿库的风险等级为Ⅰ级，发生溃坝的风险很高。此次风险表征是基于 980 沟尾矿库溃坝前相关参数进行的，表征结果为该尾矿库属于重大风险，溃坝可能性很高，这与 980 沟尾矿库的风险状况相吻合。

6.4　980 沟尾矿库风险预控措施

基于 6.2 节中的隐患辨识及演化关系分析结果，本节选取了一条较为关键的演化途径，针对该演化途径涉及的具体隐患，提出一些针对性的风险预控措施，建立了该尾矿库溃坝风险预控的 BT 模型。

本节中选取的隐患演化途径为"不符合'三同时'制度 H1→未按国家规定配备专职安全生产管理人员、专业技术人员和特种作业人员 H4→未按规定对尾矿坝进行全面的安全性复核 H5→事故隐患排查治理不到位 H6→坝面未设置排水沟 H9→排洪设施能力不足或失效 H18→库水位过高 H14→安全超高或干滩长度不足 H15→浸润线埋深小于控制浸润线 H16→渗流 H22→溃坝 H23"，共涉及 11 个隐患，各隐患的驱动力值、依赖度值如图 6-4 所示。

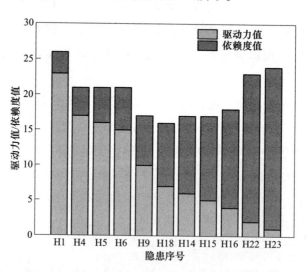

图 6-4　演化途径中的隐患驱动力值、依赖度值

从图 6-4 中可以看出，选取的 12 个隐患的驱动力值或依赖度值均较大，其对应的演化途径具有一定的代表性。随着隐患的演化，其驱动力值逐渐变小，表

明隐患对其他隐患的影响程度逐渐降低；而依赖度值逐渐变大，表明隐患受其他隐患的影响程度逐渐提高。

针对上述演化途径涉及的具体隐患（见图6-4），基于风险预控的5个层级，共提出54条具体的预控措施，其中消除层级的措施6条，工程含隔离层级的措施19条，管理含监测层级的措施27条，个体防护层级的措施2条。且各层级措施的符号表示与4.4节中一致。最终，建立的980沟尾矿库溃坝风险预控BT模型如图6-5所示。

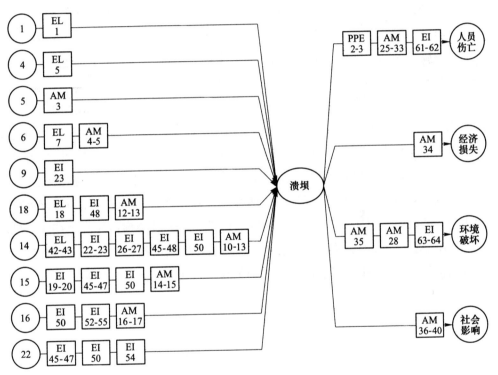

图6-5 980沟尾矿库溃坝风险预控BT模型

6.5 本章小结

本章以襄汾980沟尾矿库为对象进行了工程应用。

首先是基于证据的隐患辨识，根据该尾矿库溃坝前工程现状，结合类似尾矿库管理实践经验，辨识出了23种隐患；基于溃坝隐患AISM模型，将这23种隐患划分为了11个级次，绘制了一组"以结果为导向的UP型""以原因为导向的

DOWN 型"多级递阶有向拓扑图；进而基于 MICMAC 模型分析，绘制了隐患的驱动力-依赖度值关系图，分布在自主象限、独立象限、依赖象限的隐患分别为 13 种、6 种、4 种，分别置于 AISM 模型的中间级次、较低级次、较高级次。

其次对该尾矿库的溃坝风险进行了表征。根据该尾矿库溃坝前实际情况，确定了 22 个输入参数值，通过基于 SSA-SVM 的溃坝可能性等级预测模型的输出标签，确定了该尾矿库溃坝可能性等级为 Ⅰ 级，数值表示为 4。运用 GWO-SVR 预测模型，确定了尾砂下泄量为 $0.17 \times 10^6 \mathrm{m}^3$，进而得出尾砂最大下泄距离为 6.46km，确定了该尾矿库的溃坝事件强度等级为 Ⅲ 级，数值表示为 2。对于人员、经济、环境、社会这 4 类承灾体，其暴露等级分别为 Ⅰ、Ⅱ、Ⅲ、Ⅱ 级，根据其承灾体暴露指数确定暴露等级为 Ⅰ 级，数值表示为 4。最终得出该尾矿库溃坝风险指数为 6，风险等级为 Ⅰ 级，属于重大风险。

最后基于隐患演化关系分析，选取了该尾矿库一条包含 11 个具体隐患的隐患演化途径，"不符合'三同时'制度 H1→未按国家规定配备专职安全生产管理人员、专业技术人员和特种作业人员 H4→未按规定对尾矿坝进行全面的安全性复核 H5→事故隐患排查治理不到位 H6→坝面未设置排水沟 H9→排洪设施能力不足或失效 H18→库水位过高 H14→安全超高或干滩长度不足 H15→浸润线埋深小于控制浸润线 H16→渗流 H22→溃坝 H23"。基于风险预控的 5 个层级，针对具体隐患提出了 54 条风险预控措施，包括消除层级的措施 6 条，工程含隔离层级的措施 19 条，管理含监测层级的措施 27 条，个体防护层级的措施 2 条。

参 考 文 献

[1] International Commission on Large Dams, United Nations Environment Programme. Tailings dams-risk of dangerous occurences, lessons learnt from practical experiences (Bulletin 121) [R]. France: International Commission on Large Dams, 2001.

[2] Tailings Info. Tailings related accidents-Failures, breaches and mudflows [EB/OL]. [2022-12-12]. http://www. tailings. info/knowledge/accidents. htm.

[3] Lyu Z, Chai J, Xu Z, et al. A comprehensive review on reasons for tailings dam failures based on case history [J]. Advances in Civil Engineering, 2019: 4159306.

[4] WISE Uranium Project. Chronology of major tailings dam failures (from 1960) [EB/OL]. [2022-10-08]. https://www. wise-uranium. org/mdaf. html.

[5] Rico M, Benito G, Salgueiro AR, et al. Reported tailings dam failures: A review of the European incidents in the world context [J]. Journal of Hazardous Materials, 2008, 152 (2): 846-852.

[6] World mine tailings failures [EB/OL]. [2022-12-11]. http://worldminetail ingsfailures. org.

[7] 应急管理部相关司局负责人就《防范化解尾矿库安全风险工作方案》答记者问 [J]. 吉林劳动保护, 2020 (3): 11-14.

[8] Travis Q B, Schmeeckle M W, Sebert D M. Meta-analysis of 301 slope failure calculations. II: Database analysis [J]. Journal of Geotechnical and Geoenvironmental Engineering, 2011, 137 (5): 471-482.

[9] Salgueiro A R, Pereira H G, Rico M T, et al. Application of correspondence analysis in the assessment of mine tailings dam breakage risk in the Mediterranean region [J]. Risk Analysis, 2008, 28 (1): 13-23.

[10] Schoenberger E. Environmentally sustainable mining: The case of tailings storage facilities [J]. Resources Policy, 2016, 49: 119-128.

[11] Shahid A, Li Q. Tailings dam failures: A review of the last one hundred years [J]. Geotechnical News, 2010, 28 (4): 50-54.

[12] Villavicencio G, Espinace R, Palma J, et al. Failures of sand tailings dams in a highly seismic country [J]. Canadian Geotechnical Journal, 2014, 51 (4): 449-464.

[13] Mihai S, Deak S, Deak G, et al. Tailings dams and waste-rock dumps safety assessment using 3D numerical modelling of geotechnical and geophysical data [C]//The 12th International Conference of International Association for Computer Methods and Advances in Geomechanics, 2008, Goa, India.

[14] Ishihara K, Ueno K, Yamada S, et al. Breach of a tailings dam in the 2011 earthquake in Japan [J]. Soil Dynamics and Earthquake Engineering, 2015, 68: 3-22.

[15] Kossoff D, Dubbin W E, Alfredsson M, et al. Mine tailings dams: Characteristics, failure, environmental impacts, and remediation [J]. Applied Geochemistry, 2014, 51: 229-245.

[16] Ozcan N T, Ulusay R, Isik N S. A study on geotechnical characterization and stability of downstream slope of a tailings dam to improve its storage capacity (Turkey) [J]. Environmental Earth Sciences, 2013, 69 (6): 1871-1890.

[17] Necsoiu M, Walter G R. Detection of uranium mill tailings settlement using satellite-based radar interferometry [J]. Engineering Geology, 2015, 197: 267-277.

[18] James M, Aubertin M. Comparison of numerical and analytical liquefaction analyses of tailings [J]. Geotechnical and Geological Engineering, 2017, 35: 277-291.

[19] Ferdosi B, James M, Aubertin M. Effect of waste rock inclusions on the seismic stability of an upstream raised tailings impoundment: A numerical investigation [J]. Canadian Geotechnical Journal, 2015, 52 (12): 1930-1944.

[20] Ferdosi B, James M, Aubertin M. Investigation of the effect of waste rock inclusions configuration on the seismic performance of a tailings impoundment [J]. Geotechnical and Geological Engineering, 2015, 33 (6): 1519-1537.

[21] Martínez J, Hidalgo M C, Rey J, et al. A multidisciplinary characterization of a tailings pond in the Linares-La Carolina mining district, Spain [J]. Journal of Geochemical Exploration, 2016, 162: 62-71.

[22] Hansen R N. Contaminant leaching from gold mining tailings dams in the Witwatersrand Basin, South Africa: A new geochemical modelling approach [J]. Applied Geochemistry, 2015, 61: 217-223.

[23] Camden-Smith B P C, Tutu H. Geochemical modelling of the evolution and fate of metal pollutants arising from an abandoned gold mine tailings facility in Johannesburg [J]. Water Science & Technology, 2014, 69 (5): 1108-1114.

[24] Brindha K, Elango L. Geochemical modelling of the effects of a proposed uranium tailings pond on groundwater quality [J]. Mine Water and the Environment, 2014, 33 (2): 110-120.

[25] Paliewicz C C, Sirbescu M C, Sulatycky T, et al. Environmentally hazardous boron in gold mine tailings, Timmins, Ontario, Canada [J]. Mine Water and the Environment, 2015, 34 (2): 162-180.

[26] Rzymski P, Klimaszyk P, Marszelewski W, et al. The chemistry and toxicity of discharge waters from copper mine tailing impoundment in the valley of the Apuseni Mountains in Romania [J]. Environmental Science and Pollution Research, 2017, 24 (26): 21445-21458.

［27］ Grover B P C, Johnson R H, Tutu H. Leachability of metals from gold tailings by rainwater: An experimental and geochemical modelling approach ［J］. Water SA, 2016, 42 (1): 38-42.

［28］ Feketeová Z, Hulejová Sládkovičová V, Mangová B, et al. Biological activity of the metal-rich post-flotation tailings at an abandoned mine tailings pond (four decades after experimental afforestation)［J］. Environmental Science and Pollution Research, 2015, 22: 12174-12181.

［29］ Madalina M L, Ion P D, Amina P R, et al. Heavy metal content of tailings ponds and their biodiversity: A case study ［J］. Journal of Biotechnology, 2015, 208: S54-S55.

［30］ Islam K, Murakami S. Global-scale impact analysis of mine tailings dam failures: 1915-2020 ［J］. Global Environmental Change, 2021, 70: 102361.

［31］ 中华人民共和国应急管理部. 防范化解尾矿库安全风险工作方案 ［EB/OL］. (2020-03-02)［2020-09-20］. https://www.mem.gov.cn/gk/tzgg/tz/202003/t20200302_344929.shtml.

［32］ 陈忠, 丁军明, 余贤斌, 等. FTA 在尾矿库溃坝事故分析中的应用 ［J］. 有色金属科学与工程, 2010, 1 (5): 62-66.

［33］ 梁强, 司悦彤, 侯克鹏, 等. 尾矿库溃坝的事故树分析 ［J］. 黄金, 2013, 34 (6): 68-70.

［34］ 束永保, 李仲学. 尾矿库溃坝灾害事故树分析 ［J］. 黄金, 2010, 31 (6): 54-56.

［35］ 吴宗之, 梅国栋. 尾矿库事故统计分析及溃坝成因研究 ［J］. 中国安全科学学报, 2014, 24 (9): 70-76.

［36］ 覃璇, 李仲学, 赵怡晴. 尾矿库风险演化复杂网络模型及关键隐患分析 ［J］. 系统工程理论与实践, 2017, 37 (6): 1648-1653.

［37］ 赵怡晴, 覃璇, 李仲学, 等. 尾矿库隐患及风险演化系统动力学模拟与仿真 ［J］. 北京科技大学学报, 2014, 36 (9): 1158-1165.

［38］ 张力霆. 尾矿库溃坝研究综述 ［J］. 水利学报, 2013, 44 (5): 594-600.

［39］ 李强, 张力霆, 齐清兰, 等. 基于流固耦合理论某尾矿坝失稳特性及稳定性分析 ［J］. 岩土力学, 2012, 33 (S2): 243-250.

［40］ 敬小非, 尹光志, 魏作安, 等. 尾矿坝垮塌机制与溃决模式试验研究 ［J］. 岩土力学, 2011, 32 (5): 1377-1384.

［41］ 彭康, 李夕兵, 王世鸣, 等. 基于未确知测度模型的尾矿库溃坝风险评价 ［J］. 中南大学学报 (自然科学版), 2012, 43 (4): 1447-1452.

［42］ 李全明, 张兴凯, 王云海, 等. 尾矿库溃坝风险指标体系及风险评价模型研究 ［J］. 水利学报, 2009, 40 (8): 989-994.

［43］ 李钢. 尾矿库在线监测系统现状及安全管理趋势分析 ［J］. 中国科技信息, 2020 (19): 66-67.

［44］ ISO/TC 262 Risk management. ISO 31000: 2018: Risk management-Guidelines ［S］. 2018.

［45］任乃俊. 基于过程控制的安全风险管控理论与实践研究［D］. 北京：中国矿业大学（北京），2015.

［46］GB/T 15236—2008，职业安全卫生术语［S］. 北京：中国标准出版社，2009.

［47］国家安全生产监督管理总局令第 16 号，安全生产事故隐患排查治理暂行规定［EB/OL］. （2008-01-10）［2020-02-17］. https：//www. mem. gov. cn/gk/gwgg/agwzlfl/zjl_01/200801/ t20080110_233738. shtml.

［48］危险化学品企业事故隐患排查治理实施导则［EB/OL］.（2012-08-10）［2020-02-17］ https：//www. mem. gov. cn/gk/gwgg/agwzlfl/gfxwj/2012/201208/t20120810_243009. shtml.

［49］ISO/TC 262 Risk management. IEC 31010：2019：Risk management-Risk assessment techniques［S］. 2019.

［50］Türköz M, Tosun H. A GIS model for preliminary hazard assessment of swelling clays, a case study in Harran plain（SE Turkey）［J］. Environmental Earth Sciences, 2011, 63（6）：1343-1353.

［51］Azmeri, Hadihardaja I K, Vadiya R. Identification of flash flood hazard zones in mountainous small watershed of Aceh Besar Regency, Aceh Province, Indonesia［J］. The Egyptian Journal of Remote Sensing and Space, 2016, 19（1）：143-160.

［52］Seligmann B J, Németh E, Hangos K M, et al. A blended hazard identification methodology to support process diagnosis［J］. Journal of Loss Prevention in the Process Industries, 2012, 25（4）：746-759.

［53］Nascimento F A C, Majumdar A, Ochieng W Y, et al. A multistage multinational triangulation approach to hazard identification in night-time offshore helicopter operations［J］. Reliability Engineering & System Safety, 2012, 108（10）：142-153.

［54］Labovská Z, Labovský J, Jelemenský L, et al. Model-based hazard identification in multiphase chemical reactors［J］. Journal of Loss Prevention in the Process Industries, 2014, 29（1）：155-162.

［55］Saud Y E, Israni K C, Goddard J. Bow-tie diagrams in downstream hazard identification and risk assessment［J］. Process Safety Progress, 2014, 33（1）：26-35.

［56］Mulcahy M B, Boylan C, Sigmann S, et al. Using bowtie methodology to support laboratory hazard identification, risk management, and incident analysis［J］. Journal of Chemical Health and Safety, 2017, 24（3）：14-20.

［57］Yang K, Ahn C R, Vuran M C, et al. Collective sensing of workers' gait patterns to identify fall hazards in construction［J］. Automation in Construction, 2017, 82：166-178.

［58］Eiter B M, Kosmoski C L, Connor B P. Defining hazard from the mine worker's perspective ［J］. Mining Engineering, 2016, 68（11）：50-54.

［59］ Namian M, Albert A, Zuluaga C M, et al. Role of safety training: Impact on hazard recognition and safety risk perception ［J］. Journal of Construction Engineering and Management, 2016, 142 (12): 4016073.

［60］ 张玎. 矿井安全隐患识别及其闭环管理模式研究 ［D］. 北京: 中国矿业大学, 2009.

［61］ 王胜江. 基于风险管控的航油事故隐患查治方法研究 ［D］. 北京: 中国地质大学, 2015.

［62］ 柴建设, 王姝, 门永生. 尾矿库事故案例分析与事故预测 ［M］. 北京: 化学工业出版社, 2011.

［63］ 赵怡晴, 唐良勇, 李仲学, 等. 基于过程——致因网格法的尾矿库事故隐患识别 ［J］. 中国安全生产科学技术, 2013, 9 (4): 91-98.

［64］ 柯丽华, 张莹, 李全明, 等. 基于 EAHP 的尾矿库溃坝风险多级模糊综合评价研究 ［J］. 金属矿山, 2020 (11): 37-43.

［65］ 曾佳龙, 黄锐, 关燕鹤, 等. 熵权-未确知测度理论在尾矿库安全标准化中的应用研究 ［J］. 中国安全生产科学技术, 2014, 10 (2): 160-166.

［66］ 郑锐, 杨振宏, 潘成林. 基于熵技术的尾矿库安全模糊综合评价体系研究 ［J］. 中国安全生产科学技术, 2011, 7 (6): 107-111.

［67］ 李凤娟, 章光, 刘明泽, 等. 基于变权综合权重的黄金洞尾矿库风险评价 ［J］. 中国矿业, 2019, 28 (1): 115-121.

［68］ 梁力, 刘奇, 李明. 基于变权综合层次分析法的尾矿库溃坝风险模型 ［J］. 东北大学学报 (自然科学版), 2017, 38 (12): 1790-1794.

［69］ 王石, 石勇, 王万银. 基于模糊多元联系度模型的尾矿库综合安全评价 ［J］. 黄金科学技术, 2019, 27 (6): 903-911.

［70］ 柯丽华, 黄畅畅, 李全明, 等. 基于集对可拓耦合算法的尾矿库安全综合评价 ［J］. 中国安全生产科学技术, 2020, 16 (6): 80-86.

［71］ 王晋森, 贾明涛, 王建, 等. 基于物元可拓模型的尾矿库溃坝风险评价研究 ［J］. 中国安全生产科学技术, 2014, 10 (4): 96-102.

［72］ 王训洪, 顾晓薇, 胥孝川, 等. 基于 GA-AHP 和云物元模型的尾矿库溃坝风险评估 ［J］. 东北大学学报 (自然科学版), 2017, 38 (10): 1464-1467.

［73］ Fernandes R, Sieira A, Filho A. Methodology for risk management in dams from the event tree and FMEA analysis ［J］. Soils and Rocks, 2022, 3 (45): e2022070221.

［74］ US Army Corps of Engineers. Engineering and design: Safety of dams-policy and procedures ［R］. Washington, 2014.

［75］ Hao T, Zheng X, Wang H, et al. Development of a method for weight determination of disaster causing factors and quantitative risk assessment for tailings dams based on causal coupling relationships [J]. Stochastic Environmental Research and Risk Assessment, 2023, 37: 749-775.

[76] Nišić D, Knežević D, Lilić N. Assessment of risks associated with the operation of the tailings storage facility Veliki Krivelj, Bor (Serbia) [J]. Archives of Mining Sciences, 2018, 63 (1): 165-181.

[77] Chovan K M, Julien M R, Ingabire E, et al. A risk assessment tool for tailings storage facilities [J]. Canadian Geotechnical Journal, 2021, 58 (12): 1898-1914.

[78] Chen Y, Li Q, Liang Y. Research and application of data classification in risk prediction for tailings reservoirs [C]//Proceedings of the 3rd International Conference on Computer Science and Application Engineering, 2019, Sanya.

[79] 王仪心, 米占宽. 尾矿坝溃坝安全风险分析评价方法 [J]. 金属矿山, 2019 (6): 184-188.

[80] 郑欣, 许开立. 尾矿坝溃坝后果严重度评价模型研究 [J]. 工业安全与环保, 2009, 35 (5): 30-31.

[81] 梅国栋. 尾矿库溃坝灾害脆弱性评估指标体系及方法研究 [J]. 中国安全生产科学技术, 2012, 8 (12): 11-15.

[82] 束永保, 李培良, 李仲学. 尾矿库溃坝事故损失风险评估 [J]. 金属矿山, 2010 (8): 156-159.

[83] Owen J R, Kemp D, Lèbre É, et al. Catastrophic tailings dam failures and disaster risk disclosure [J]. International Journal of Disaster Risk Reduction, 2020, 42: 101361.

[84] 魏作安, 赵筠康, 秦虎, 等. 高分子材料改良尾矿力学性能的试验研究 [J]. 岩石力学与工程学报, 2020, 39 (S1): 3095-3102.

[85] 尹光志, 魏作安, 万玲, 等. 细粒尾矿堆坝加筋加固模型试验研究 [J]. 岩石力学与工程学报, 2005 (6): 1030-1034.

[86] 赵一姝, 敬小非, 周筱, 等. 筋带对尾矿坝漫坝破坏过程阻滞作用试验研究 [J]. 中国安全科学学报, 2016, 26 (1): 94-99.

[87] 余新洲. 抗滑桩在尾矿库坝体加固中的敏感性分析 [J]. 采矿技术, 2020, 20 (4): 89-91.

[88] 余新洲, 吴均平. 绿色加筋格宾挡墙在尾矿库坝体加固中的应用 [J]. 世界有色金属, 2020 (12): 168-170.

[89] 刘明生, 王睿齐. 某金矿尾矿库排水隧洞竖井段的优化设计 [J]. 金属矿山, 2020 (8): 195-198.

[90] Fourie A. Reflections on recent tailings dam failures and how the application of Burlands soil mechanics triangle concept may avert future failures [J]. Geotechnical Engineering, 2020,

3（51）：60-64.

［91］ James M, Aubertin M. The use of waste rock inclusions to improve the seismic stability of tailings impoundments ［C］//GeoCongress 2012.

［92］ 张嫒嫒. 尾矿库溃坝风险评价模型与风险防控研究 ［D］. 北京：首都经济贸易大学，2016.

［93］ 王昆. 尾矿库溃坝演进 SPH 模拟与灾害防控研究 ［D］. 北京：北京科技大学，2019.

［94］ Stefaniak K, Wróżyńska M. On possibilities of using global monitoring in effective prevention of tailings storage facilities failures ［J］. Environmental Science and Pollution Research, 2018, 25（6）：5280-5297.

［95］ Hui S, Charlebois L, Sun C. Real-time monitoring for structural health, public safety, and risk management of mine tailings dams ［J］. Canadian Journal of Earth Sciences, 2018, 55（3）：221-229.

［96］ Vanden Berghe J F, Ballard J C, Wintgens J F, et al. Geotechnical risks related to tailings dam operations ［C］//Proceedings Tailings and Mine Waste, Vancouver, 2011.

［97］ Yaya C, Tikou B, Cheng L. Numerical analysis and geophysical monitoring for stability assessment of the Northwest tailings dam at Westwood Mine ［J］. 矿业科学技术学报（英文版），2017，27（4）：701-710.

［98］ Sjdahl P, Dahlin T, Johansson S. Using resistivity measurements for dam safety evaluation at Enemossen tailings dam in southern Sweden ［J］. Environmental Geology, 2005, 49（2）：267-273.

［99］ Colombo D, MacDonald B. Using advanced InSAR techniques as a remote tool for mine site monitoring ［C］//Proceedings of the SAIMM International Symposium on Slope Stability in Open Pit Mining and Civil Engineering, Cape Town, 2015.

［100］ Schmidt B, Malgesini M, Turner J, et al. Satellite monitoring of a large tailings storage facility ［C］//Proceedings Tailings and Mine Waste, Vancouver, 2015.

［101］ 高危行业一线岗位安全生产指导手册—金属非金属矿山尾矿作业岗 ［M］. 北京：应急管理出版社，2020.

［102］ Franks D, Stringer M, Torres-Cruz L A, et al. Tailings facility disclosures reveal stability risks ［J］. Scientific Reports, 2021, 11（1）.

［103］ Piciullo L, Storrosten E B, Liu Z, et al. A new look at the statistics of tailings dam failures ［J］. Engineering Geology, 2022, 303：106657.

［104］ Barends E, Denise M R, Rob B B. The evidence-based approach：The basic principles ［M］. Netherlands：The Center for Evidence-Based Management, 2014.

［105］ Hayhurst, Emery R. Industrial accident prevention：A scientific approach ［M］. New York,

USA：McGraw-Hill Book Company，1941.

［106］GB/T 6441—1986，企业职工伤亡事故分类［S］．北京：中国标准出版社，1986.

［107］陈红．中国煤矿重大事故中的不安全行为研究［M］．北京：科学出版社，2006.

［108］Trivedi A，Jakhar S K，Sinha D. Analyzing barriers to inland waterways as a sustainable transportation mode in India：A DEMATEL-ISM based approach［J］．Journal of Cleaner Production，2021，295：126301.

［109］Fang H，Wang B，Song W. Analyzing the interrelationships among barriers to green procurement in photovoltaic industry：An integrated method［J］．Journal of Cleaner Production，2020，249：119408.

［110］肖容，袁利伟，邢志华，等．基于模糊 DEMATEL-ISM 模型的尾矿库事故影响因素研究［J］．化工矿物与加工，2022：1-11.

［111］陈虎，叶义成，王其虎，等．基于 ISM 和因素频次法的尾矿库溃坝风险分级［J］．中国安全科学学报，2018，28（12）：150-157.

［112］Chen C. Hazards identification and characterisation of the tailings storage facility dam failure and engineering applications［J］．International Journal of Mining，Reclamation and Environment，2022，36（6）：399-418.

［113］倪标，黄伟．基于对抗解释结构模型的军事训练方法可推广性评价模型［J］．军事运筹与系统工程，2020，34（2）：46-51.

［114］崔庆宏，王淼．基于 ISM-MICMAC 的建筑工人不安全行为影响因素［J］．沈阳大学学报（自然科学版），2021，33（3）：272-278.

［115］吴碾子，徐雷．基于改进解释结构模型和交叉影响矩阵相乘法的建设工程质量影响因素分析［J］．科学技术与工程，2020，20（8）：3222-3230.

［116］国家矿山安全监察局．金属非金属矿山重大事故隐患判定标准［EB/OL］．（2022-07-21）［2022-12-16］．https：//www. chinamine-safety. gov. cn/zfxxgk/fdzdgknr/tzgg/202207/t20220721_418764. shtml.

［117］GB 39496—2020，尾矿库安全规程［S］．北京：中国标准出版社，2020.

［118］谢旭阳，梅国栋，李坤．尾矿库安全评价技术［M］．北京：气象出版社，2020.

［119］袁利伟，李素敏．尾矿库溃坝灾害风险分析理论与实践［M］．北京：电子工业出版社，2017.

［120］赵怡晴，李仲学，覃璇，等．尾矿库隐患与风险的表征理论及模型［M］．北京：冶金工业出版社，2016.

［121］孙轶轩，邵春福，岳昊，等．基于 SVM 灵敏度的城市交通事故严重程度影响因素分析［J］．吉林大学学报（工学版），2014，44（5）：1315-1320.

［122］Xue J，Shen B. A novel swarm intelligence optimization approach：sparrow search algorithm

[J]. Systems Science & Control Engineering, 2020, 8 (1): 22-34.

[123] 宋宝钢, 包腾飞, 向镇洋, 等. 基于小波的 SSA-ELM 大坝变形时空预测模型 [J]. 长江科学院院报, 2022: 1-8.

[124] 薛建凯. 一种新型的群智能优化技术的研究与应用 [D]. 上海: 东华大学, 2020.

[125] 金爱兵, 张静辉, 孙浩, 等. 基于 SSA-SVM 的边坡失稳智能预测及预警模型 [J]. 华中科技大学学报 (自然科学版), 2022, 50 (11): 142-148.

[126] 杨玲, 魏静. 基于支持向量机和增强学习算法的岩爆烈度等级预测 [J]. 地球科学, 2022: 1-17.

[127] Dong J, Dou Z, Si S, et al. Optimization of capacity configuration of wind-solar-diesel-storage using improved sparrow search algorithm [J]. Journal of Electrical Engineering and Technology, 2022, 17 (1): 1-14.

[128] Liu J, Hu P, Xue H, et al. Prediction of milk protein content based on improved sparrow search algorithm and optimized back propagation neural network [J]. Spectroscopy Letters, 2022, 55 (4): 229-239.

[129] Vapnik V N. The nature of statistical learning theory [M]. Berlin: Springer, 1995.

[130] 张克. 基于地震正演模拟和 SVM 的煤与瓦斯突出危险区预测研究 [D]. 北京: 中国矿业大学, 2011.

[131] Zheng K, Chen Y, Jiang Y, et al. A SVM based ship collision risk assessment algorithm [J]. Ocean Engineering, 2020, 202: 107062.

[132] Wauters M, Vanhoucke M. Support vector machine regression for project control forecasting [J]. Automation in Construction, 2014, 47: 92-106.

[133] Adedigba S A, Khan F, Yang M. Dynamic failure analysis of process systems using neural networks [J]. Process Safety and Environmental Protection, 2017, 111: 529-543.

[134] Li F, Wang W, Xu J, et al. Comparative study on vulnerability assessment for urban buried gas pipeline network based on SVM and ANN methods [J]. Process Safety and Environmental Protection, 2019, 122: 23-32.

[135] Trajdos P, Kurzynski M. Weighting scheme for a pairwise multi-label classifier based on the fuzzy confusion matrix [J]. Pattern Recognition Letters, 2018, 103: 60-67.

[136] Sammut C, Webb G I. Encyclopedia of machine learning [M]. Springer-Verlag, New York Inc, 2011.

[137] 汤志立. 深埋隧道岩爆预警与围岩动力破坏机理研究 [D]. 北京: 清华大学, 2019.

[138] 周志华. 机器学习 [M]. 北京: 清华大学出版社, 2016.

[139] 聂志丹, 刘剑, 陈平, 等. 尾矿库溃坝环境风险预测方法实例研究 [J]. 环境科学与技术, 2014, 37 (S2): 550-554.

［140］陈殿强，何峰，王来贵．凤城市某尾矿库溃坝数值计算［J］．金属矿山，2009（10）：74-76.

［141］陈星，朱远乐，肖雄，等．尾矿坝溃坝对下游淹没和撞击的研究［J］．金属矿山，2014（12）：188-192.

［142］金佳旭，梁力，吴凤元，等．尾矿库溃坝模拟及影响范围预测［J］．金属矿山，2013，3（43）：141-144.

［143］阮德修，胡建华，周科平，等．基于 FLO-（2D）与 3DMine 耦合的尾矿库溃坝灾害模拟［J］．中国安全科学学报，2012，22（8）：150-156.

［144］Larrauri P C, Lall U. Tailings dams failures：Updated statistical model for discharge volume and runout［J］. Environments, 2018, 5（2）：28.

［145］Rico M, Benito G, Diez-Herrero A. Floods from tailings dam failures［J］. Journal of Hazardous Materials, 2008, 154（1/2/3）：79-87.

［146］柴华彬，张俊鹏，严超．基于 GA-SVR 的采动覆岩导水裂隙带高度预测［J］．采矿与安全工程学报，2018，35（2）：359-365.

［147］Mirjalili S, Mirjalili S M, Lewis A. Grey wolf optimizer［J］. Advances in Engineering Software, 2014, 69：46-61.

［148］Heidari A A, Pahlavani P. An efficient modified grey wolf optimizer with Lévy flight for optimization tasks［J］. Applied Soft Computing, 2017, 60：115-134.

［149］Vapnik V N. An overview of statistical learning theory［J］. IEEE Transactions on Neural Networks, 1999, 10（5）：988-999.

［150］陶正瑞，党嘉强，徐锦泱，等．基于支持向量机回归的曲面零件涡流测距标定方法［J］．上海交通大学学报，2020，54（7）：674-681.

［151］Shin K, Lee T S, Kim H. An application of support vector machines in bankruptcy prediction model［J］. Expert Systems with Applications, 2005, 28（1）：127-135.

［152］李培现，谭志祥，闫丽丽，等．基于支持向量机的概率积分法参数计算方法［J］．煤炭学报，2010，35（8）：1247-1251.

［153］Roche C, Thygesen K, Barker E. Mine tailings storage：Safety is no accident［M］. United Nations Environment Programme and GRID-Arendal, 2017.

［154］ISO/TMBG Technical Management Board-groups. ISO Guide 73：2009：Risk management-Vocabulary［S］. 2009.

［155］Intergovernmental Panel on Climate Change, IPCC. Managing the risks of extreme events and disasters to advance climate change adaptation. A special report of working groups i and ii of the intergovernmental panel on climate change［M］. Cambridge：Cambridge University Press, 2012.

[156] International Council on Mining & Metals, United Nations Environment Programme, Principles for Responsible Investment. Global industry standard on tailings management [S]. 2020.

[157] 国务院令第 493 号. 生产安全事故报告和调查处理条例 [EB/OL]. (2007-4-20) [2020-02-20]. https://www. mem. gov. cn/gk/gwgg/agwzlfl/zjl _ 01/200704/t20070420 _ 233735. shtml.

[158] 刘长礼. 城市地质环境风险经济学评价 [D]. 北京：中国地质科学院, 2007.

[159] 刘欣欣, 顾圣平, 赵一梦, 等. 修正损失率的溃坝洪水经济损失评估方法研究 [J]. 水利经济, 2016, 34 (3): 36-40.

[160] Oberle B, Brereton D, Mihaylova A. Towards zero harm: A compendium of papers prepared for the global tailings review [R]. London, 2020.

[161] AQ/T 2050. 4—2016, 金属非金属矿山安全标准化规范—尾矿库实施指南 [S]. 北京：煤炭工业出版社（现应急管理出版社), 2016.

[162] Lewis S, Smith K. Lessons learned from real world application of the bow-tie method [C]// American Institute of Chemical Engineeers 2010 Spring Meeting, 2010, Texas, USA.

[163] Ding L, Khan F, Ji J. Risk-based safety measure allocation to prevent and mitigate storage fire hazards [J]. Process Safety and Environmental Protection, 2020, 135: 282-293.

[164] Center for Chemical Process Safety. Bow ties in risk management—A concept book for process safety [M]. CCPS in association with the Energy Institute, 2018.

[165] Gomes LFAM, Lima MMPP. Todim: Basic and application to multicriteria ranking of projects with environmental impacts [J]. Foundations of Computing and Decision Sciences, 1992, 16 (4): 113-127.

[166] 罗勋, 谢文强, 曾发镔. 基于云模型的复杂艰险山区深埋隧道施工通风系统综合评估 [J]. 铁道学报, 2022, 44 (3): 123-131.

[167] 徐士东, 耿秀丽. 云模型与 TOPSIS 相结合的多属性群决策方法 [J]. 计算机应用研究, 2017, 34 (10): 2964-2967.

[168] 郑皎, 章恒全, 焦俊, 等. 云模型与 VIKOR 集成的多属性群决策方法 [J]. 计算机工程与应用, 2017, 53 (24): 94-99, 232.

[169] 胡嘉悦, 贾乾磊, 章卫国, 等. 基于云模型和多目标规划的 FADS 系统测量精度的研究 [J]. 西北工业大学学报, 2021, 39 (5): 987-994.

[170] Lu Z, Gao Y, Zhao W. A TODIM-based approach for environmental impact assessment of pumped hydro energy storage plant [J]. Journal of Cleaner Production, 2020, 248: 119265.

[171] Zhang D, Bao X, Wu C. An extended TODIM method based on novel score function and accuracy function under intuitionistic fuzzy environment [J]. International Journal of Uncertainty Fuzziness and Knowledge-based Systems, 2019, 27 (6): 905-930.

［172］ Qin Q，Liang F，Li L，et al. A TODIM-based multicriteria group decision making with triangular intuitionistic fuzzy numbers ［J］. Applied Soft Computing，2017，55：93-107.

［173］ 朱远乐，鲁龙飞，杨荣. 尾矿库排渗工程优化设计及治理效果研究 ［J］. 矿业研究与开发，2018，38（8）：129-134.

附录　证据清单

证据清单-e1 见附表 1。

附表 1　证据清单-e1

序号	证据名称	标准号
1	金属非金属矿山重大事故隐患判定标准	—
2	尾矿库安全监督管理规定	—
3	尾矿库安全规程	GB 39496—2020
4	尾矿库在线安全监测系统工程技术规范	GB 51108—2015
5	尾矿设施设计规范	GB 50863—2013
6	尾矿设施施工及验收规范	GB 50864—2013
7	尾矿堆积坝岩土工程技术标准	GB/T 50547—2022
8	金属非金属矿山安全标准化规范尾矿库实施指南	AQ/T 2050.4—2016
9	金属非金属矿山尾矿库安全质量评审准则	DB34/T 2568—2021
10	生产安全事故隐患排查治理体系建设—金属非金属矿山实施细则	DB36/T 1389—2021
11	尾矿库企业安全生产风险分级管控和隐患排查治理实施指南	DB 63/T 1807—2020
12	安全生产等级评定技术规范　第 30 部分：尾矿库	DB11/T 1322.30—2018
13	尾矿库建设生产安全规范	DB11/T 1252—2015
14	高危行业一线岗位安全生产指导手册—金属非金属矿山尾矿作业岗	—

证据清单-e2 见附表 2。

附表 2　证据清单-e2

序号	时间	尾矿库	后果影响
1	2019-01-25	巴西 Bruhndino 尾矿库溃坝	12 万立方米尾砂下泄，向下游蔓延约 7km 后进入河流，259 人死亡，11 人失踪
2	2015-11-05	巴西 Fundão 尾矿库溃坝	3300 万立方米尾砂下泄，影响下游近 650km 河流，14.69km² 森林损毁，造成 19 人死亡，40 万人饮水受影响，经济损失至少 67 亿美元，是巴西史上最严重的环境灾难

续附表 2

序号	时间	尾矿库	后果影响
3	2014-08-04	加拿大 Mount Polley 尾矿库	2500 万立方米尾砂下泄，后续环境治理恢复费用高达上亿美元
4	2010-09-21	广东紫金矿业尾矿库	28 人死亡或失踪，直接经济损失 1900 余万元
5	2008-09-08	山西襄汾新塔矿业 980 沟尾矿库	尾砂最大影响距离 2.5km，波及范围 0.35km^2，277 人死亡，4 人失踪，直接经济损失 9619.2 万元
6	2007-11-25	辽宁鼎洋矿业 5# 尾矿库	54 万立方米尾砂下泄，13 人死亡，3 人失踪，39 人受伤
7	2007-05-18	山西宝山矿业尾矿库	100 万立方米尾砂下泄，直接经济损失 4000 余万元
8	2006-04-30	陕西镇安黄金矿业尾矿库	15 人死亡，2 人失踪，5 人受伤，76 间房屋损毁
9	2000-10-18	广西鸿图选矿厂尾矿库	28 人死亡，56 人受伤，直接经济损失 340 万元
10	2000-03-10	罗马尼亚 Baia Mare 尾矿库	10 万立方米含氰化物尾砂下泄，匈牙利 200 万人饮用水受影响
11	1986-04-30	安徽黄梅山尾矿库	19 人死亡，95 人受伤
12	1985-07-19	智利 Stava 尾矿库	20 万立方米尾砂下泄，下泄距离 8km，造成 268 人死亡，62 栋构筑物损毁
13	1972-12-02	美国 Ray Mine 尾矿库	50 万立方米尾砂下泄，下泄距离 27km，125 人死亡，经济损失超过 6500 万美元
14	1962-09-26	云南火谷都尾矿库	368 万立方米尾砂下泄，171 人死亡，92 人受伤，近 5.5km^2 农田损毁，冲毁房屋 575 间，直接经济损失 2000 余万元

证据清单-e3 见附表 3。

附表 3　证据清单-e3

序号	证 据 名 称
1	Oboni F, Oboni C. Tailings dam management for the twenty-first century [M]. Springer Nature Switzerland AG, Springer Cham, 2020
2	Roche C, Thygesen K, Baker E. Mine tailings storage: Safety is no accident [M]. United Nations Environment Programme and GRID-Arendal, 2017

序号	证 据 名 称
3	International Commission on Large Dams, United Nations Environment Programme. Tailings dams risk of dangerous occurrences: Lessons learnt from practical experiences(Bulletin 121)［M］. France: International Commission on Large Dams, 2001
4	Clarkson L, Williams D J. An overview of conventional tailings dam geotechnical failure mechanisms ［J］. Mining, Metallurgy & Exporation, 2021, 38（10）
5	Lyu Z J, Chai J R, Xu Z G, et al. A comprehensive review on reasons for tailings dam failures based on case history ［J］. Advances in Civil Engineering, 2019: 4159306
6	Kossoff D, Dubbin W E, Alfredsson M, et al. Mine tailings dams: Characteristics, failure, environmental impacts, and remediation ［J］. Applied Geochemistry, 2014, 51: 229-245
7	Shahid A, Li Q. Tailings dam failures: A review of the last one hundred years ［J］. Geotechnical News, 2010, 4（28）: 50-54
8	Rico M, Benito G, Salgueiro A R, et al. Reported tailings dam failures: A review of the European incidents in the worldwide context ［J］. Journal of Hazardous Materials, 2008, 152（2）: 846-852
9	谢旭阳, 梅国栋, 李坤, 等. 尾矿库安全评价技术 ［M］. 北京: 气象出版社, 2020
10	赵怡晴, 李仲学, 覃璇, 等. 尾矿库隐患与风险的表征理论及模型 ［M］. 北京: 冶金工业出版社, 2016
11	刘海明, 曹净, 杨春和. 国内外尾矿坝事故致灾因素分析 ［J］. 金属矿山, 2013（2）: 126-129, 134
12	束永保, 李仲学. 尾矿库溃坝灾害事故树分析 ［J］. 黄金, 2010, 31（6）: 54-56
13	李全明, 王云海, 张兴凯, 等. 尾矿库溃坝灾害因素分析及风险指标体系研究 ［J］. 中国安全生产科学技术, 2008（3）: 50-53

证据清单-e4 见附表 4。

附表 4 证据清单-e4

序号	证 据 名 称
1	WISE Uranium Project. Chronology of Major Tailings Dam Failures. https://www.wise-uranium.org/mdaf.html
2	World Mine Tailings Failures. https://world mine tailings failures.org/
3	RISKGATE. http://www.riskgate.org/
4	International Commission on Large Dams. https://www.icold-cigb.org/

证据清单-e5 见附表 5。

附表 5　证据清单-e5

序号	证　据　名　称
1	安徽马鞍山矿业尾矿库相关工作人员经验判断
2	河北冀中能源邢台矿业尾矿库相关工作人员经验判断
3	福建紫金矿业尾矿库相关工作人员经验判断
4	山东鲁中矿业尾矿库相关工作人员经验判断
5	山东黄金尾矿库相关工作人员经验判断
6	陕西彬州矿业尾矿库相关工作人员经验判断